好食尚

调对酱料
做什么都好吃

杨桃美食编辑部 主编

江苏凤凰科学技术出版社　凤凰含章

U0393108

料理好不好吃
关健在酱料

找酱料，不用 上网搜索，这本就够

料 理好吃最关键的就是味道要调对，也就是酱料成功地满足味蕾。
做菜的方式基本上大同小异，只有酱料调味的窍门才是决定成败
的关键。了解酱料调制的原理，美味只需几分钟就可制作出来；不了解
这些酱料的秘诀，就永远是料理的门外汉。

比起收集各种食谱来增进厨艺，不如学习制作几种万用酱料，即使
随便烫个青菜、肉片，淋上这些酱料也是人间美味。当然酱料种类成
百上千，想要都学会恐怕不容易。在这个信息发达的年代，你可以通过
网络轻易找到各种酱料的做法，但是也因为信息爆炸，往往搜寻一种酱
料就会给你数百个配方，让人不知如何取舍，反而要花更多的时间去
整理。因此，我们特别集合了最经典、最常用、最美味的600种酱料秘
方，只要这一本在手就能拥有最想要的酱料，从此再也不必为了一个酱
料被网络信息淹没。

本书挑选的600道各式酱料，按照用途分门别类，让你可以轻松找
到想要的酱料；并加上100道经典的示范料理，只要学会这些，你也能
轻易做出大厨级的美味。

目录 CONTENTS

目录 CONTENTS

158 西式酱料篇

目录 CONTENTS

探寻神秘的酱料国度

咖啡也是一种酱料

从东京繁忙的JR山手线地铁下车，如果这时候刚好是星期五的黄昏，如果你刚好错失了一个约会的机会，没有关系。也许就在地铁站旁的小咖啡馆里，有另一种神奇的体验正在等着你。只要100日元，就可以换来一杯香浓的咖啡，在人来人往的等待里，弥补了多少失落的遗憾。你可以先尝试一杯浓烈的Espresso，咬一口充满奶香的牛角香酥，让Espresso慢慢浸湿牛角面包的层层酥皮。这时候你也许能真正体会这句话：咖啡其实就是一种酱料，它调味面包，也调味生活。

哦，没去过东京，没搭过山手线？那也没关系。无论是拥挤的纽约曼哈顿岛、多风的台北关渡平原，或是在炎热的屏东街头，你都可以不经意地找到这种抚慰人心的咖啡香味。南美洲辽阔庄严的安地斯山脉，一颗颗饱含香气的咖啡豆，仿佛通过一条充满魔力的途径，飘洋过海来到诸多城市的大街小巷。这种连辽阔大海都无法阻拦的香气，只有到你我的杯中才会停止，停止在舌尖和记忆深处。

咖啡的确是你我生活中的一种调味。没有了咖啡，生活就回归最粗糙的原味。

想象一个没有酱料的城市

"星期天晚上，我到圆环夜市点一份肉丸，一份又白又圆但没有酱料的肉丸。这时候，我抬头看看立在一旁又白又圆的路灯，然后莫名其妙地忧郁起来。"

"去年，我曾经请我的同事吃一盘没有沙拉酱的生菜沙拉，后来，这位同事开始扬言要用没有酱料的牡蛎煎来报复我。这令我感到恐怖。事后，他虽然没有真的送来牡蛎煎，但我已经不得不向心理医生求救了。"

如果这个城市没有酱料，那么以上所说的荒谬情节都可能会成真。

酱料在我心里，其实近似一种"哲学问题"，至少从感性角度我是这样认为的。但从理性角度，我却不得不承认应该要把酱料放在冰箱里或是我的书架上。唯一一个折衷方案，就是把酱料变成一本书。

酱料国度成员复杂

一般对酱料的定义，就是调味食物的材料。照这个标准，说咖啡是酱料一点也不为过，因为咖啡不但可以调味生活，同时也可以拿来调味菜肴。既然咖啡都可以算是调味生活的酱料，那么酱料的成员就很复杂了。根据快乐厨房的"酱料情报员"初步统计，全世界可以被称之为"正统酱料"的，大概有450种之多。所谓"正统酱料"，就是人类在烹调时普遍使用的常规酱料。另外还有许多个人研究的偏方、特定品牌酱料，以及不常用但有特色的酱料，比如利用咖啡来调制的酱料等，总共超过1800种。这么多种酱料，一直没有被系统地归类。为什么在厨房里扮演重要角色的酱料一直被大家忽略呢？

酱料不常被提起的最重要原因之一就是酱料一直被厨师视为是独家秘方，像这样的秘方是不能够轻易公诸于世的。我们常常在电视上看到许多厨师侃侃而谈，教大家如何烹调一道知名料理，但是一说到酱料，通常都是一语带过。所以你往往在自家的厨房里，无论怎么照着电视上教的步骤练习，做出来的料理就是味道不对，原因很简单，就是因为你还不懂酱料。

有一句话说得很好：好的酱料让你感觉不出它的存在。如果酱料让你觉得食物太甜或是太咸，就表示你的酱料放错了。真正好的酱料是让你觉得食物变得好吃，却说不出为什么。尽管如此，目前我们的酱料情报员仍在努力，在众多料理中，找寻出美味的真正源头。希望在酸甜苦辣等味觉世界里，让酱料的身世真相大白。放眼饮食天地中，当人类厌倦一种口味时，新的口味就开始流行，酱料国度的版图就跟着延伸。酱料国度的版图究竟有多大呢？不亲身经历，绝对无法体会其中酸甜苦辣的排列组合，可以造就这么多样的美妙滋味。希望通过我们用心地介绍，可以让你更了解酱料，也更会制作酱料，更能体会酱料所传达的神奇魔力。

常用厨房粉类你认识几种

粉类名称	说　明	常作的产品
高筋面粉	又称高粉、强力粉，筋度大、黏牲强，制成的制品较有弹性、口感较有嚼劲	面包类
中筋面粉	又称中粉、中力粉、多用途面粉、万用面粉，中式点心及面点常用的面粉，没有特别要求口感要非常有弹性或非常松软，就可以使用	中式面点
低筋面粉	又称低粉、薄力粉，筋度低、黏度也较低，想做出蓬松、柔软的烘焙产品，选择低筋面粉就对了	蛋糕类
酵母粉	分为新鲜酵母、干酵母、速溶酵母3种，新鲜酵母剥碎直接加入面团中；干酵母以30℃以下的温水溶解再加入面团中；速溶酵母可以直接加入面团，也可以溶解后再使用	面包、馒头类
泡打粉	又称发粉、B.P、速发粉、泡大粉，用在需要膨胀松软且有大量油与糖分的面糊	蛋糕类
小苏打粉	又称苏打粉、B.S、碳酸氢钠、梳打粉、重曹，虽然可算是烘焙的膨大剂，但通常是拿来当作烘备用的中和剂，用来中和配方中的酸性材料	巧克力口味产品
吉利丁	又称作动物胶或明胶，口感软棉、有弹性、保水性好，透明感中等，溶解温度在50~60℃之间，凝固点在10℃以下	果冻、奶酪
淀粉	市面上有两种淀粉，一种是红薯淀粉制成的；另一种是土豆淀粉制成的。勾芡时使用土豆制成的淀粉效果较好	多用于热炒或羹汤的勾芡
琼脂	又称作琼胶，成品口感坚韧，富有弹性，透明度高，溶解温度为95℃，凝固点为40℃	果冻、琼脂冻
果冻粉	将调味粉、砂糖、胶冻粉等调和浓缩成干燥的即溶粉末，添加一定比例的热水调匀，放凉等待凝固即可	果冻、茶冻、咖啡冻
玉米粉	由玉米提炼出来的淀粉，略带甜味，在调水加热之后会有凝胶浓稠的特性	卡仕达酱、奶油布丁馅、奶冻
澄粉	又称汀粉、澄面，有黏度与弹性，因此多用于中式点心的外皮	具有透明感和弹性的中式点心外皮
粘米粉	又称作在来米粉、粘米粉，黏性较小，制成的糕点组织较为松散，而制作成的点心皮弹性也没那么高	组织松软的中式糕点，例如萝卜糕、碗粿
糯米粉	黏度比粘米粉来得高些，所以做出来的成品黏度与弹性都比粘米粉高些	弹性较高的中式点心，例如年糕、汤圆、麻糬、红龟粿
卡士达粉	又称吉士粉、蛋黄粉	奶油馅
Sp	蛋糕乳化剂的通称，可以促进油、水混合起泡蓬松、增大蛋糕体积、增加蛋糕泡沫的安定性、改善蛋糕的质地	蛋糕类
糖粉	糖颗粒非常细，有3~10%的淀粉填充物。可当成材料使用，也常被运用在点心装饰上	蛋糕、甜点、饼干
红薯粉	俗称地瓜粉，为红薯根部的淀粉，也有用土豆淀粉制成的	制作具有黏度和弹性的点心，例如娘惹糕。

调制酱料必备器材

←磅秤
调酱时使用小型磅秤就可以了。称量前要看一下指针是否归零，并且放在平稳的地方称量，称量酱之前要记得减掉量碗的重量。

←烹调用刷
具有耐热功能的刷毛可以让你很放心地在料理食材上刷上你想要的酱料。

→带盖量杯
有盖子的量杯更方便调酱，你可以将需要的基本酱汁全部倒入后，盖上橡胶盖，上下摇匀，就轻松完成制作所需要的酱料了。此外，用不完的酱汁也可以用它装起来放进冰箱保存。

←小型搅拌棒
好拿又好握的搅拌棒可以让你轻松地调制酱料，也可以拿来当热饮搅拌棒，用途相当广。

→塑料量匙
分为大匙、小匙（茶匙）、1/2小匙（茶匙）、1/4小匙（茶匙），四件装。

→蒜头剥皮器
剥蒜头是费时而恼人的一件事，偏偏蒜头的美味又让人不忍割舍，有了这个剥皮器可以帮你轻松剥干净蒜头而不会满手蒜味。

←量杯
分为树脂制、玻璃制和不锈钢制，容量通常为200毫升。选购时以清楚易见、耐热性高的量杯为佳。计量时要将量杯放在水平处，眼睛和刻度保持在同一直线上，这样量出来的分量才是准确的。

调制酱料前需要准备一些基本工具，来帮助你掌握酱料的酸甜苦辣；同时也要明确量杯、量匙之间的换算方式，才能保证看到食谱上面满满的度量符号也不会一头雾水。需要注意的是，我们在调配水和油时要了解它们的密度是不相同的，所以就算相同体积的水和油，它们的重量也会不一样。

大集合

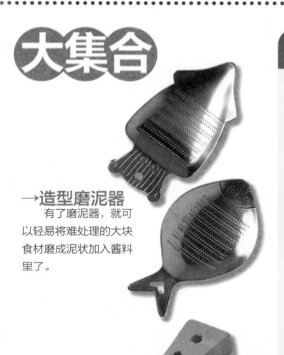

→造型磨泥器
有了磨泥器，就可以轻易将难处理的大块食材磨成泥状加入酱料里了。

↑扇型研磨器
这是一款特制鲨鱼皮研磨棒，可以把芝麻等种子类的材料磨成粉。

→挤柠檬器
有了这个工具就可以轻松地挤出柠檬汁，免去沾手的麻烦，又可以避免柠檬籽掉到酱料里。

换算单位轻松记

容积换算表	
	1000毫升 =1升
	240毫升 = 1量杯
	15毫升 = 1大匙
	5毫升=1小匙
	2.5毫升= 1/2小匙
	1.25毫升 =1/4小匙
	1杯=16大匙
	1大匙=3小匙

重 量 换 算 表

1千克=1000克
1斤=10两=500克
1两=50克
4两=200克
1磅=454克=约9两

	1量杯	1大匙	1小匙
水	240毫升	15毫升	5毫升
油	227毫升	14毫升	4毫升
面粉	120克	7克	2.5克
盐		15克	4克
白糖		9克	3克
细砂糖		12克	4克

sauce
中式酱料篇

中式酱料的基本材料

盐和糖在一般观念中总被认为是两种截然不同的味道。其实当我们制作酱料的时候，大部分只有在放了糖的情况下才会放盐。换句话说，盐是用来提味的，可以让酱料里面的酸甜味更明显。酱料里的咸味大都来自酱油或豆瓣酱一类的材料，加太多盐只会让酱料吃起来"死咸"，破坏酱料本身的美味。调制油分比较多或是甜的酱料，也可以放一点盐，让油类酱料吃起来不那么油腻，甜的酱料吃起来也不会过甜。还有一个用盐的原则是，如果调酱料时用的是酱油膏，这时要避免用盐或少用盐，以免调出来的酱料过咸。

味精在现代人的观念里，大都被敬而远之。其实在酱料国度里，味精还是被大量使用的，只不过所使用的味精从传统的化学味精，转变成天然的柴鱼味精。调制酱料的时候不是直接把味精和所有材料一起调匀即可，因为柴鱼味精要经过烹煮才会入味。换句话说，需要熬煮的酱料，才能加入味精。如果真的不喜欢味精的话，可以加入适量冰糖，和柴鱼屑及其他材料一起熬煮酱料，也可以有同样的效果。

糖也是调制酱料时非常重要的一种材料。一般最常使用的有砂糖、细砂糖、白糖、果糖、蜂蜜、麦芽糖等。如果酱料需要熬煮的话，最好用砂糖(赤砂糖)，因为砂糖经过熬煮后会有一种略带焦味的糖香，可以让整个酱料多了一种很自然的风味。如果酱料只是加水调匀不经熬煮，绵白糖的效果会比较好，因为容易溶解。果糖最常被用来加在一些

水果调制的酱料里，比如鳄梨酱或劲道苹果酱等，因为果糖的味道和水果酱料的味道最合。另外，蜂蜜大都被用来制作一些带有花香或植物香味浓的酱料，比如桂花酱或芥茉酱。至于麦芽糖则是因为黏性重，所以当食物需要光亮色泽时，最好用麦芽糖来调制酱料，比如广东油鸡淋酱就是很典型

的酱料，利用麦芽的光泽和黏性，让广东油鸡看起来更油亮。什锦以上的用糖方式，大家可以掌握一个原则，就是以食物想表达的风味来决定要用哪一种糖。如果我们今天制作的酱料要让食物表达出焦香的糖味，最好用砂糖。如果想表达出水果风味，最好用果糖，依此类推。所以用哪一种糖来调酱料，是很容易判断的。

粘米粉、淀粉在许多酱料中都需要用到，或加入粘米粉一起熬煮，让整个酱料呈现像酱糊一样的糊状；或加入淀粉勾芡，让整个酱料呈现透明的黏稠感。这两种粉最大的差别在于黏稠度，粘米粉的口感比较松，淀粉的口感比较紧比较劲道。所以一般小吃的蘸酱都是用粘米粉，因为要蘸取比较容易；淀粉则一般多用在拌炒烩酱(也就是烩饭或是烩面的酱)，因为烩酱里面有许多蔬菜和肉片，用淀粉不会散成一片。

面粉是西方人用来勾芡的粉，和粘米粉、淀粉一样，可以增加酱料的黏稠感。面粉的勾芡不如粘米粉、淀粉那么黏稠，不过它比较不会"还水"，也就是勾芡之后，水和粉分离的速度比较慢。像一般的玉米浓汤，如果用面粉勾芡，隔天看还是浓汤的样子，如果用其他的粉勾芡，就比较容易分离成有一层较浓的羹和一层较稀的水。面粉勾芡一般在西式料理中才用，中式料理若使用面粉勾芡，较不容易表现酱汁原色及明亮感。而西式酱料经常使用蔬果为素材，用面粉特有的香气和滑润感来调和各种素材的味道，效果较好。

番茄酱在东方国家经常被用到。相反地，西红柿酱在西方料理中，包括意大利菜、墨西哥菜等，都是经常使用到的调味材料。这是因为西方料理习惯把西红柿这种东西当作基本蔬果，而我们却习惯直接把西红柿拿来作调味用。新鲜的西红柿带有自然的香味和甜味，有提鲜的作用，同时也可以缓和其他调味料对舌头的刺激，只要在酱料中加进西红柿，就比较不会有"死咸"或甜得过腻的感觉。而番茄酱就不是这么一回事了。因为番茄酱已经调过味，所以西红柿本身的风味反而不明显。因而在酱料中使用番茄酱，最主要的是为了增强酱料的浓稠感，其次是为了调色——红红的酱色，总是可以让人胃口大开。

味噌在日式料理中是很重要的调味材料。因为制作材料不同，味噌分为豆类味噌、米类味噌和麦类味噌三大类；在口味方面，还分为甜味、淡味、辣味等。在日本，因为各家制作秘诀的不同，林林总总共发展出上百种不同口味，可见味噌真是日本人的魔力食材。如果你曾经利用味噌来调酱料的话，你就会惊讶味噌的方便实用。加一点糖、番茄酱和姜泥，就可以做出一份好吃的烫墨鱼鱿鱼蘸料。味噌酱料大多用于鱼类调味，所以有海鲜料理的话，不要忘了运用味噌。运用味噌的时候不要忘了加糖或蜂蜜，因为甜味可以引出味噌的香味。

甜辣酱是老少咸宜的流行酱料，可当作水饺、天妇罗等清蒸、水煮食物的蘸酱。如果拿来蘸油炸食物，就会太腻。由于甜味可以缓和辣的刺激，所以甜辣酱比一般辣味酱容易入口，但是辣味可以残留在口腔的时间较久，等到甜味过后，就会感受到辣味的后劲。好的甜辣酱，甜味、咸味与辣味三者之间要非常均衡。因为辣味会让甜味的饱和度降低，咸味则可以突显甜味，例如一样甜的酱，在没加辣以前你觉得甜得刚好，加辣之后，就会觉得没那么甜，甚至有点水水的感觉，可是只要再加一点盐，甜味又会突显出来，感觉味道又变浓郁一点。所以虽然叫作甜辣酱，但除了甜和辣以外，咸味的调和也很重要。

沙茶酱是用扁鱼、蒜头、辣椒等调制而成。沙茶酱在炒的过程中，吸收了很多油，而且装罐之后，油分会慢慢分离出来。所以愈新鲜的沙茶酱，看起来油分比较少，不新鲜的沙茶酱油分离出来了，所以看起来油比较多，尤其是已经打开过的沙茶酱。在使用期限内，如果大部分油都分离出来，可以下锅炒香一点再使用。如果有很重的油垢味，那表示沙茶酱已经开始变质了，就算还没到使用期限，最好还是不要用。

蛋黄酱可以用于面包、土司的调味，也可当作沙拉的底酱，用途十分广泛。蛋黄酱的材料是以蛋黄和色拉油为主，制作时，像一般制作沙拉一样，要打入大量空气，才能有膨膨的口感。有些人会在拌好蛋黄酱之后加入适量热开水，目的是利用开水的热度，让蛋黄稍微变硬，让蛋黄酱吃起来更有口感。另外也有人利用柠檬汁增加香味，同时也可以让蛋黄酱的颜色变白。利用蛋黄酱来制作沙拉酱时，加料的过程要不停搅拌，如果搅拌得不够均匀，放久之后，原本拌进去的一些液状材料又会慢慢分离出来，这就是非常失败的沙拉酱。

甜面酱主要是用来拌干面，为了增加口感，一般会和豆干丁一起拌炒，就是一道很好的干面酱。如果和香油一起拌炒，则变成非常正统的北京烤鸭蘸酱。就像豆瓣酱一样，甜面酱只要稍加变化，马上可以变成另一种好吃的酱料。包括火锅蘸酱或者是烤肉酱这一类浓稠的酱汁，都可以考虑使用甜面酱调制。

芝麻酱本身除了芝麻的香味以外，并没有什么味道，所以必须经过调味，才能够拿来当作调味的酱料。一般我们最常用到芝麻酱，就是用作麻酱面的淋酱。它是把芝麻酱经过简单的调味制作而成。因为面食本身也是没有味道的食物，所以和芝麻酱搭配非常适合，不会掩盖芝麻的香味。如果要把芝麻用在海鲜或肉类的调味，就不能制作成酱，而要直接把颗粒状的芝麻加热，烤出香味，才比较有增香的效果。

芥末酱是日本料理常见的调味料，它是以山葵为原料制作而成。因为山葵的栽种对山林生态的伤害很大，所以有很多环保组织都反对山葵的栽种。现在大部分的芥末都不是天然山葵制成，可能和种植山葵破坏环境有关。芥末因为一次的用量不大，所以通常都用软管包装，需要的时候，挤压一点出来即可。如果不是软管包装，可以加一点米酒稍微拌湿，避免干掉，会比较容易保存。芥末的使用范围其实比我们想象中更广，除了蘸生鱼片、拌凉面、配关东煮以外，包括沙拉酱在内的一些酱料，其实都可以加一些芥末进去，它是很多厨师都喜欢的一种调味料。

酒 在调制酱料的时候有画龙点睛的功能。其实醋或是味酥本身就已经有酒的效果，再加入酒会让整个酱料发酵的感觉更重。一般我们在调制酱料时常用米酒和葡萄酒两种，通常和肉或鱼类有关的酱料可以加一点米酒，让肉吃起来有发酵的香味，同时也减少鱼或肉的腥味。而葡萄酒多用在和蔬菜有关的酱料，可以增加蔬菜的甜味。而意大利面酱里面放的白酒，可以让面酱里的西红柿吃起来不那么酸，有一点甜味。

蚝油 的腥味重，所以拿来制作酱料的时候一定要加入重口味的配料，比如蒜头、葱或是豆豉等。当然糖也是少不了的，因为糖可以中和适量蚝油所带来的咸腥味。利用蚝油所制成的酱料有很重的海鲜味，比较适合用在肉类或鱼类的调味；若是拿来用于蔬菜或面食调味，蔬菜或是面食本身的味道就会被完全盖住，反而吃不出食物的味道。

香油 分为白香油和黑(胡)香油。白香油是白芝麻提炼而来，一般调味用的香油，就是白香油和色拉油稀释而成的，称为小磨香油。白香油常用在一道菜完成的时候滴几滴以增加香味，或者是用来拌菜，因为蔬菜较涩的口感可以用香油改善，而香油较腻的感觉可以利用蔬菜味道的清爽来改善，两者搭配起来可以互相突显彼此的优点。胡香油则是黑芝麻提炼而成，性较热，一般拿来作进补之用。

甜酒酿 是用米发酵而成，也是一种胶状的酒母，可以用它来酿酒。在烹调上，甜酒酿的功能和米酒差不多，它可以去腥，也可以增加蔬菜的甜味，所不同的是，甜酒酿的味道更香。而它的甜味也比较适合甜食的烹调。因为酒酿会把食物里的糖分分解成酒精和一些酸性物质，所以加酒酿调制的食物，会有一股酒香以及淡淡的酸味，而这也正是它风味独特的地方。一般我们常用甜酒酿来调味蛋羹、汤圆等菜肴，其实在腌酱菜的时候加一点酒酿，也是非常不错的做法，可以让酱菜更加香甜可口。

柠檬汁 有较好的酸味和清新感，常常被用来调制一些油腻食物的蘸酱。因为柠檬的酸性可以分解油脂，所以如果把它拿来当作蘸酱，可以去油腻；而如果把柠檬汁加进腌料里，肉块经过腌渍之后，分布在肉里面的脂肪也会软化，吃起来肉质会比较嫩。除了去油腻、软化肉质以外，柠檬也可以去腥，一般我们会在海鲜上面挤几滴柠檬汁就是这个原因。其实在某种程度上，柠檬和醋的功能非常相近，只不过味道不太一样，我们有时候也可以将这两样东西混用。例如做泡菜的时候，除了用醋，也可以加一些柠檬汁，就成为另一种风味的泡菜了。另外，我们常听到有人称柠檬为"莱姆"，其实这是两个不同品种的柠檬，莱姆比较小，汁多皮薄，果肉呈绿色，比较酸，也比较贵；柠檬较大，皮较厚，果肉颜色偏黄。不管是莱姆汁或柠檬汁，都可以拿来涂在刀子上，切苹果或其他会变褐色的水果时，可以预防变色。

辣椒酱特别介绍

辣椒酱是由辣椒制成的。讲到辣椒，一般人的印象中，也许只有青辣椒、小红辣椒和大红辣椒三种。事实上，辣椒的种类不下数十种，其中甚至还有甜而不辣的辣椒。不过我们平常在辣椒酱中所用的，都是偏辣的一类。

所谓辣椒酱，其实可以包括辣油、辣豆瓣、腌辣椒和红色辣椒酱四种。当然，有些人可能可以想到更多，但是一般使用最广泛的，就是这四种。现在就说说它们是如何制作的。

辣油

所用的材料很简单，就是辣椒和油，不过辣椒还要经过干燥、磨粉两道程续才可以使用。而油的部分，必须要用植物油才行。在调制的过程中，我们要先把植物油加热。特别要注意的是，油温不要太高，否则最后会变得焦黑。油温热之后，慢慢往辣椒粉里倒，一边倒一边拌匀，辣椒粉和油的比例则可以根据个人喜好酌量增减。

其实如果火候控制得当，辣椒粉又够辣的话，不需要加太多也能将辣椒粉调得又香又辣。当然，油的选择也很重要，您可以尝试以不同的植物油来搭配，效果和味道会有差异。如果觉得自己做辣椒粉很麻烦的话，可以买市面上整包出售的辣椒粉，也是不错的选择。

辣油不但本身是一道酱料，同时也可以加进其他材料成为另一道酱料。由于辣油的味道重，所以拿辣油来调制另一道酱料的时候最好将其他材料的口味加重，譬如红油抄手酱，红油抄手酱里的红油辣，相应地我们要加入柴鱼味精、葱末、蒜末和大量的酱油等，才不会辣得没感觉。

辣豆瓣

即用豆瓣酱加辣椒拌炒而成。豆瓣酱最主要的原料是蚕豆、花椒和盐。豆瓣酱的香味很浓，口味也很重，调制酱料的时候如果觉得味道较淡，只要加入豆瓣酱，就可以调出味浓的酱料。豆瓣酱还有一项好处，就是压抑腥味，以后碰到腥膻的食材，只要加入豆瓣酱就可以搞定。

辣豆瓣不仅用途广泛，种类也很多，其主要材料里的红辣椒和盐是用来调味的，至于香气，就是靠蚕豆和花椒来营造的。不过您不一定非用这四种材料来制作，因为您若希望调味的乐趣能够持久，那么创造出一种属于自己的独家酱料是很重要的。您可以在这四样材料之中调入其他的口味，说不定经由这一番创造，人们就从此多了一种美味的选择。

辣豆瓣的香味，一般是靠炒出来的，如果您的火候控制不当或者下锅的时机不对，有时根本发挥不出蚕豆和花椒的香味。

腌辣椒

是许多人在家中都备有的一种酱料，最简单的制作方法，是选用味呛的辣椒，切或不切都可以，然后塞满罐子里，再倒进酱油，加盖密封，放一段时间就可以食用了。当然，在腌制时，您也可以加入一点大蒜、鱼干，或者是其他的调味料都能让整个酱料更加美味。

不过这种腌辣椒每次的用量都不会太多，因此不要一次制作太多，否则放久了就算没坏，看了也让人不太敢吃。

红色辣椒酱

算是最正统的，我们平常所称的辣椒酱就是这种。从路边摊至大饭店，几乎都有它的身影。它的制作方法也非常简单，首先把红辣椒清洗干净，然后用果汁机打成浆状就可以了。这种辣椒酱辣味较强，但没什么香气，所以感觉比较粗糙。但也因为如此，当我们制作食物不想让辣椒以外的调料味道干扰到我们的调味时，红色辣椒酱就成了非常好的选择。目前市面上的红辣椒酱很多都加了调味，在选购的时候还是以没有调味的为宜。

辣椒酱的材料简单，做法简单，使用却十分广泛。在用餐的时候，它不仅能够刺激食欲，还有活血、暖胃的效果。虽然市面上买到辣椒酱非常容易，但我们还是希望读者能够自己动手做做看，毕竟自己亲手做出来的东西相应的意义是不一样的。

酱油特别介绍

　　酱油因为制作使用的材料不同，大致可分为三类：纯酿酱油、荫油和化学酱油。

纯酿酱油

　　所谓的纯酿酱油是以传统酿造方式酿成，价钱昂贵，但味道甘醇，豆味香浓。它以黄豆和小麦为原料，先将黄豆浸渍蒸热，同时将小麦烘焙再磨碎，然后将两者混合加入特别培养的种麹，在28~30℃的环境下，慢慢制成酱油麹。接着在酱油麹中拌入盐水，7天后，就会变成酱油醪。这个酱油醪会渐渐发酵成熟，而整个发酵所需的时间约在半年以上。最后用压榨的方式将固体与液体分开，液体部分就是我们一般俗称的生酱油，生酱油必须经过杀菌的过程，才会装瓶变成我们所看到的酱油。

荫油

　　荫油的酿造方法和纯酿酱油差别不大，不同的是，它使用黑豆取代黄豆来做原料。而且荫油制作到后期，还会分离出固体的豆豉，风味独特，较一般酱油更为甘甜，很适合拿来制作许多小吃的酱料。

化学酱油

　　至于化学酱油，顾名思义就是用化学的方式制成；它是利用盐酸来分解黄豆蛋白质所制成的酱油，费时不多，过程也较为简便快捷。由此来看，我们可以明白为什么酱油有如此大的差价。纯酿酱油和荫油尽管售价较高，但由于风味甚佳，所以市场上仍然非常流行。而化学酱油因为可以省下不少成本，所以也颇受消费者欢迎。事实上，绝大部分的酱油都是以纯酿酱油和化学酱油混制而成的，两者混合的比例不同，口味和售价也会有差异。纯酿比例愈高，品质愈佳。因为化学酱油的售价低，在制作大量酱料的时候常被拿来使用。

酱油膏

　　所谓的酱油膏，其实只是在酱油杀菌之前，加入一些糯米粉和各厂家自家调配的调味料，味道因品牌而异。如果酱料要求有比较浓稠的口感，比如炒酱等，通常会选用酱油膏来调制。

酱油露

　　什么是酱油露呢？它是一种纯酿比例较高的酱油。也因为如此，所以它非常适合拿来当作蘸酱，如果您想要烹煮一大锅食物，用酱油露也可以，只是有点奢侈。如果你所调的酱料需要"鲜味"的口感，比如蘸虾用的酱料，最好选用酱油露，这样味道较好。

陈年酱油

　　陈年酱油在市场上也算主要产品之一。它的特殊之处，在于酿造的时间特别长。一般的酱油醪，大约只要半年就能发酵成熟，但陈年酱油却需要2~3年的时间。它味道甘醇，而且更为纯净，所以价格也特别昂贵。

薄盐酱油

　　这种酱油的盐分含量，约为普通酱油的一半，但酱油香味毫无减损，对于有慢性心血管肾脏疾病者、在饮食上必须控制盐量摄取的人比较适用。使用薄盐酱油和减少酱油用量的意义其实并不一样，因为减少酱油的用量虽然会降低盐分的摄取，但食物中酱油的香味也会减少，使用薄盐酱油就没有这样的缺点。不过薄盐酱油的保存时间也较短，应特别注意。

无盐酱油

　　无盐酱油中几乎是不含氯化钠，即一般意义上的食盐。它之所以会有咸味，是因为添加了氯化钾等成分。这种人工合成的酱油，最好依照营养师或医师的建议才能使用。

白酱油

　　白酱油是因为酿造的时候所加入的酱色成分较少所造成的。基于烹调上的需求，在我们希望能保存食物的原色时，就可以考虑使用白酱油。它用作冷盘蘸酱，或不想上色的卤味，都很适合。

生抽和老抽

　　生抽、老抽是广东话，指的是淡色酱油和深色酱油。生抽颜色较淡、味道较咸，一般被用于烹调之用。老抽是深色酱油，颜色较深，尝起来却没那么咸，一般被用做卤肉上色之用。

　　此外，还有许多用途不同的酱油，不过基本上它们都是运用以上介绍的这几类酱油再搭配不同的调味料制成的，譬如常用的烤肉酱和辣酱油等。虽然说酱油的分类复杂，但是在使用酱油调制酱料时的原则很简单，就是要让酱料带有咸味。至于要选哪一种酱油，就完全看对口感和香味的要求了。因此，多了解酱油对烹饪其实是很有帮助的。

醋特别介绍

醋分为乌醋、白醋。一般市面上常见的镇江醋或是五印醋等，都是乌醋的一种，因为酿造过程中加进的原料不同而在味道上有所差异。严格来说，包括谷类和水果在内的许多原料都可以拿来酿造醋。我们一般常用的白醋或是乌醋，都是用谷类酿造的。白醋是用糯米纯酿，经过3个月的酿造而成。至于乌醋，除了用糯米之外，还加入了胡萝卜和洋葱等蔬果一起熬煮，之后再经过3个月的酿造而成。

由于醋的味道什锦了谷物、酒和蔬果的香甜，所以大部分酱料都需要醋来调味；同时加了醋之后，盐就可以少放一些。为什么呢？因为醋有突显咸味的作用，换句话说，食物在烹煮的过程中加一点醋，不用放太多盐，尝起来就会觉得够咸了。基于这样的原理，酱料里面多放醋，少放盐，不但口感变得很丰富，同时也比较健康。

那在调制酱料的时候应该选用乌醋还是白醋呢？除了酱料颜色的考量之外，口感是最重要的。有一个原则可供参考，就是和肉类有关的酱料一般用乌醋较好，和面食蔬菜类有关的酱料用白醋较好。譬如排骨酱或是烤肉酱，一般我们都会用乌醋。但是沙拉酱或是水饺蘸酱，则是用白醋的机会较多。但是因个人口味喜好不同，这个原则也不是百分之百成立，只是在烹调的原理上，一般都遵循这个做法。

醋的种类相当多，用途也非常广泛。撇开饮用醋不谈，光是用做调味或蘸酱的醋就不知道有多少。大致上来说，只要是含有天然酸味的食物，几乎都可能拿来当作醋的材料。这也是造成醋的种类不断增多的一大原因。与酱油一样，醋也有酿造和人工合成的区别，以下我们就来谈谈酿造醋的方法。

＊醋的酿造

由于醋的种类繁多，酿制的方法也不尽相同，所以无法一一详述。许多原料都可以用来酿醋，不同原料酿造出来的醋，在口感和用途上也千差万别。例如我们几乎天天会用到的乌醋，是用蔬果和麦芽等原料酿造而成的；白醋是用糯米和酒精酿造成的，所以白醋和乌醋在口感上有很大的不同。在此，我们仅以较为普遍的米醋类为例来作说明。

用谷物来酿醋，首先要将谷类蒸煮，经过一番加热之后，这些谷类材料就会变得比较容易发酵；发酵前，我们要在蒸煮过的谷物中加入水和酒麴，然后借助酒麴中的酵素，慢慢把谷物糖化，这个过程，我们称之为"酒精发酵"。

谷类经过酒精发酵之后，就会含有酒精成分，而这些酒精成分必须再经过醋酸菌的发酵，才会变成醋酸。这个过程，又叫作"醋酸发酵"。醋酸发酵进行时，醋酸菌会在液体表层生出一些泡沫来裹住空气。如果没有这些空气，醋酸菌就没有办法繁殖，因此不要振动过度使菌膜破裂，否则醋就无法酿成。

醋酸发酵的这个阶段，需要1~3个月的时间。在这段时间内，空气的温度、湿度等因素，都会影响醋酸菌的生长，进而也会影响醋味的好坏。由于醋酸菌非常脆弱，因此如果酿制过程有什么疏乎，先前的努力将很可能毁于一旦。

＊醋的用途

醋酸发酵过后，还必须把这些醋放到桶里存放2~3个月。如此，酿造出的醋口感才会比较柔和，不会有一股刺鼻的味道。

这么辛苦酿造出来的醋，除了食用以外，还有什么用处呢？我们可以从健康饮食的角度来看。

首先，适量的醋可以降低盐的用量，降低慢性病的患病几率。根据相关实验的结果显示，当醋中盐分含量超过10%的时候，咸味就会显得特别突显；换句话说，食物在烹煮的过程中加一点醋，不用放太多盐，尝起来就会觉得够咸了。基于这样的原理，利用醋来降低盐分的摄取，就变成控制盐分摄取的一种有效方法。

其次，醋还有杀菌的功能。基于醋的这个特性，有许多加过醋的食物，例如加醋的沙拉、寿司、泡菜等，都不容易腐坏。因此，有些人会在需要保存的食物中加进一点醋，甚至还发明了水中加醋来洗东西的方法。这种方法，就叫做"醋洗"。

此外，醋还有防止蔬果变色、消减异味的功能。在洗头时加入一点醋，还可以令头发更加乌黑亮丽。

另外在调理食物的搭配上，由于醋的味道有很多种，所以使用者必须凭借对醋味的熟悉，才能作出合适的搭配。而醋的酸味一般，都是源于醋酸（如米醋、合成醋等），但其他也有酒石酸（如西洋醋）、柠檬酸（如柠檬醋、梅子醋等）或者是苹果酸（如苹果醋等）成分。这些酸的种类，都有它们的特殊之处，用在料理或者是酱料的调配上，也都能呈现各自不同的风味。因此只要能够用心搭配，多多实验，那么不需要多久，您就能够成为一个"吃醋"的专家，而且很随意就能掌握许多既美味又健康的调味方法。

非学不可的**酱汁勾芡法**

勾芡是做菜时最常用到的烹调技法之一，不论是直接淋在料理上还是制作口感浓郁的酱汁，都是为了让汤汁变得浓稠或附着于食材之上，呈现料理完美的光泽。不过针对不同烹调方式，勾芡会有下列几种不一样的效果：①增加了菜肴口感的滑润度；②增加色泽的视觉明亮度；③增加菜肴的浓稠度；④增加菜肴的美味度；⑤可以延缓菜肴的散热时间。但对于酱汁来说，依照料理过程及添加方式的不同，大致可以简单分为烹芡、卧芡、淋芡、浇芡四种芡汁。

烹芡

在菜肴入锅前，即用小碗将调味料连同淀粉混合成汁备用，等菜肴炒过完成之前，缓缓倒入汁液并快速翻炒，接着继续加热，直到酱汁呈现糊状即成所谓的烹芡。示范的左宗棠鸡就是使用"烹芡"的方法。

卧芡

不同于烹芡方法，卧芡是先将调味料入锅煮成汤汁，再依序加入适量淀粉使其达到需要的黏稠度，再倒入主料翻炒均匀。示范的糖醋排骨使用的方法就是"卧芡"，即让芡汁完整包着于食材上，被称为"包芡"，最常用于爆炒菜肴。

淋芡

它是等菜肴煮至即将完成之际，轻轻摇晃锅或推动汤勺，同时慢慢将调好的芡粉水均匀淋入锅中，让食材完全吸收酱汁的味道。示范料理为开洋白菜，它的芡汁形式为"流芡"，稠度比糊芡稀，而且芡汁成流泻状，所以常被用在扒烩类菜肴。

浇芡

料理即将完成的时候，就将芡粉水迅速泼浇入菜肴之中，并转以大火快速翻拌菜肴，使芡汁能完全被食材吸收。示范的干贝扒芦笋所使用的勾芡方法叫做"浇芡"，而芡汁的形式称为"羹芡"，其稠度是所有芡汁中最稀薄的，只略带浓稠感，常使用在羹汤类及烩菜类。

中式酱料篇 蘸酱

23

01 | 肉圆淋酱

用途: 可用来淋在肉圆上或作为甜不辣蘸酱。

材料

海山酱 ·················6 大匙
甜辣酱 ·················4 大匙
酱油膏 ·················3 大匙
蚝油 ····················1.5 大匙
赤砂糖 ·················1.5 大匙
糯米粉 ·················3 大匙
凉开水 ·················1 杯

做法

1. 将所有材料混拌均匀,以小火煮滚即完成肉圆淋酱。
2. 食用前将酱料淋在肉圆上,如果再加入适量蒜泥、酱油和香菜,滋味更佳。

示范料理 彰化肉圆

(材料)

A 粘米粉 100 克、地瓜粉 300 克、水 550 毫升、肉圆淋酱适量
B 里脊肉片 150 克、香菇 30 克、笋干 200 克、红葱酥 3 大匙、酱油 1/3 小匙、五香粉 1/3 小匙、胡椒粉 1/3 小匙
C 小碟子数个、蒸笼 1 组

(做法)

1. 将材料 B 的笋干洗净,泡水 30 分钟,再用热水煮过除去酸味,切小丁备用;香菇泡软去蒂洗净切小丁;里脊肉片洗净切小块备用。
2. 锅烧热加 3 大匙油(材料外),将做法 1 的香菇丁、肉片炒香,加入其余材料 B 拌炒均匀,待凉备用。
3. 将材料 A 拌匀用小火慢煮,并不停搅拌至浓稠状,熄火后待降至约 35℃时,即成粉浆,备用。
4. 小碟子上抹适量油,抹上做法 3 的粉浆,加入做法 2 的馅料,再铺上一层粉浆,放入蒸笼用中小火蒸熟(6~8 分钟)。
5. 取出蒸好的肉圆待凉脱模,泡入温油中,等到肉圆表皮变得弹软,即可捞出沥干油分,盛碗淋上肉圆淋酱享用。

◄ 02 | 海山酱

用途：可作为粽子、甜不辣或牡蛎煎蘸酱等。海山酱是台式酱料中很重要的基础酱料，利用海山酱可以再调制出许多不同的酱料。

材料

粘米粉··········2 大匙
酱油··········3~4 大匙
糖··········2~3 大匙
水··········2.5 杯
盐··········适量
甘草粉··········适量
味噌··········1 大匙
番茄酱··········适量

做法

将所有材料放入锅中，一起调匀煮开放凉即可。

注：番茄酱可酌量添加，但记得不可以加太多，以免番茄酱的酸味盖过其他材料的味道。

03 | 蒜末辣酱 ►

用途：用来蘸肉类、海鲜皆可。

材料

蒜头 5 瓣、红辣椒 1 个、葱末适量

调味料

酱油 1 大匙、酱油膏 2 大匙、辣椒酱 1 大匙、细砂糖 1/2 大匙、淀粉适量、开水 100 毫升

做法

1. 蒜头和红辣椒洗净后，沥干水分，切成碎末状备用。
2. 将做法 1 的材料、葱末和调味料混合，搅拌均匀备用。
3. 将做法 2 的酱料倒入锅中，以小火煮约 1 分钟至浓稠状即可。

◄ 04 | 甜辣酱

用途：可作为水煮海鲜、肉片蘸酱、热狗或汉堡淋酱，或是粽子、筒仔米糕蘸酱。

材料

辣椒酱··············2 大匙
糖··············1 小匙
凉开水··············1 小匙

做法

将所有材料混合调匀就成了甜辣酱。

05 | 蒜蓉酱

用途： 用来蘸肉类或海鲜皆可。

材料

蒜头·····················3 瓣
葱························1 根
香菜·····················1 根

调味料

酱油膏··················3 大匙
米酒····················1 大匙
细砂糖··················1 小匙
白胡椒粉················1 小匙

做法

1. 将所有材料洗净再切碎备用。
2. 取一个容器，加入做法 1 的所有材料与所有的调味料，再以汤匙搅拌均匀即可。

示范料理 蒜泥白肉

（材料）
五花肉··················300 克
蒜蓉酱··················适量

（做法）
1. 将五花肉洗净，放入锅中，加入冷水，再盖上锅盖，以中火煮开，续煮 10 分钟，再关火闷 30 分钟，捞起备用。
2. 将煮好的五花肉切成薄片状，依序排入盘中。
3. 再将调好的蒜蓉酱均匀地淋入五花肉上面即可。

注：水煮白肉要煮到透又好吃，秘诀就在于要将五花肉放入冷水中开始煮，水开后再煮 10 分钟就要关火，利用余温将肉焖熟，肉质才会口感良好。

06 | 肉粽淋酱

用途：可用于蘸食肉粽和各式米食制品。

材料

A 海山酱 5 大匙、甜辣
  酱 5 大匙、壶底油 2
  大匙、糖 1.5 大匙、粘
  米粉 2 大匙、水 1 杯
B 香油 1 大匙

做法

1. 将材料 A 搅拌均匀，以小
   火煮滚即可熄火。
2. 待冷却后，再加入材料 B
   即完成。

07 | 水饺煎饺蘸酱

用途：用作水饺、煎饺或蒸饺蘸酱，或是萝卜糕蘸酱。

材料

酱油·····················适量
白醋·····················适量
香油·····················适量
蒜末·····················适量
辣椒末···················适量
红辣椒酱·················适量

做法

将所有的材料拌匀即可。

08 | 客家金橘蘸酱 配方①

用途：可以用来蘸水煮五花肉、鸡肉、青菜、凉拌青菜等。

材料

金橘·················600 克
细砂糖···············200 克
盐·····················1 小匙
酒·····················1 大匙
红辣椒末···············适量

做法

成熟金橘洗净晾干，放入蒸笼蒸熟，
再切半去籽，磨成泥，加盐、糖、酒、
红辣椒末拌匀，盛装瓶子即可。

客家金橘蘸酱 配方②

材料

金橘酱···············2/3 杯
砂糖·················1.5 大匙
酒·····················1 大匙
柠檬醋·················1 大匙

做法

将所有材料拌匀即可。

注：最早客家橘酱是直接用金橘肉制作，
    金橘酱加糖是后来的改良做法。
    以上两种做法的金橘酱味道差异
    颇大，有兴趣的读者可以尝试比较
    一下。

09 | 碗粿淋酱

用途：可用于淋在碗粿、萝卜糕与各种米制点心上。

材料

A 酱油膏…………5 大匙
 糖…………1.5 大匙
 水……………1/3 杯
B 蒜泥……………适量

做法

1. 将材料 A 放入锅内混匀，煮滚后待凉即为碗粿酱。
2. 食用前再拌入蒜泥即可。

示范料理 **碗粿**

（材料）
粘米粉 300 克、玉米粉 20 克、水 1300 毫升、红葱头 80 克、香菇 6 朵、咸蛋黄 3 个、肉泥 200 克、虾米 80 克、萝卜干 50 克、色拉油适量、碗粿淋酱适量

（调味料）
胡椒粉适量、糖适量、盐适量、酱油 1 大匙

（做法）
1. 粘米粉、玉米粉用 500 毫升冷水搅拌成粉浆备用。
2. 红葱头洗净、切末；香菇泡软、切丝；咸蛋黄对切，备用。
3. 起油锅，用 3 大匙油爆香红葱头末，再放入香菇、肉泥、虾米和萝卜干一起炒，接着放入所有调味料拌匀，即可熄火。
4. 另外将 800 毫升水煮沸，然后加入做法 1 的粉浆，搅拌成糊状后，再放入做法 3 的一半材料，一起拌匀后，分装入碗内；然后将剩余的另一半材料，平均分配在各碗的上层，并分别放上半个蛋黄。
5. 接着将做法 4 放入蒸笼蒸 30 分钟，即可取出，搭配碗粿淋酱食用。

10 | 臭豆腐淋酱

用途：淋在臭豆腐或炸豆腐上。

材料

酱油 100 毫升、酱油膏 100 毫升、细砂糖 25 克、水 200 毫升、乌醋 1/2 大匙

做法

将水倒入锅中煮至滚沸，加入细砂糖续煮至完全溶解，再加入酱油和酱油膏拌煮均匀，最后加入乌醋即可。

11 | 臭豆腐 辣椒酱

用途：淋在臭豆腐或炸豆腐上。

材料

红辣椒 150 克、蒜末 10 克、盐 1/2 小匙、细砂糖 1 小匙、鱼露 1 小匙、绍兴酒 1/2 大匙、香油 1/2 大匙、色拉油 1/2 大匙

做法

1. 红辣椒洗净，沥干水分后切小段，放入果汁机中，加入蒜末搅打成细碎状，倒出备用。
2. 将做法 1 倒入锅中，加入剩余的材料以小火拌炒至有香味溢出即可。

示范料理 **炸臭豆腐**

（材料）
预炸过的小块臭豆腐 6 块
泡菜……………………适量
蒜泥……………………适量

（调味料）
臭豆腐淋酱……适量
辣椒酱…………适量
乌醋……………适量

（做法）
1. 将预炸过的小块臭豆腐放入约 160℃的热油中。
2. 以小火炸约 1 分钟，并不时翻面让臭豆腐受热均匀。
3. 再改大火续炸至表面酥脆且膨胀，立即捞出沥干油分。
4. 将臭豆腐切成均等的 4 小块，放入盘中，淋上所有的调味料，搭配适量泡菜、蒜泥即可。

12 | 辣梅酱

用途：与海鲜搭配非常对味，除此之外作为各种肉类蘸酱也是一绝。

材料

紫苏梅·············100 克
（果肉 60 克、汤汁 40 克）
辣椒酱·············60 克
蒜末···············20 克
细砂糖·············40 克
香油···············30 克

做法

1. 将紫苏梅与汤汁放入果汁机中，加入蒜末、辣椒酱及细砂糖，打成泥状。
2. 取出梅子泥，加入香油拌匀即可。

13 | 油饭酱

用途：可用于淋在油饭或各类米制品上。

 材料

A 番茄酱 50 克、辣椒酱 20 克、细砂糖 25 克、水 300 毫升、酱油膏 10 克
B 糯米粉水适量

 做法

将所有材料A倒入锅中搅拌均匀，以小火煮开后，缓缓加入适量糯米粉水，煮至浓稠状即可。

示范料理 **油饭**

（材料）
长糯米 600 克、猪肉丝 200 克、干香菇 5 朵、虾米 50 克、红葱末 30 克、水 120 毫升、油饭酱适量

（调味料）
酱油 5 大匙、盐适量、细砂糖适量、白胡椒粉适量、鸡粉 1/2 小匙、米酒 1 大匙

（做法）
1. 长糯米洗净，浸泡冷水约 6 小时，捞出沥干，放入蒸桶蒸约 30 分钟，至米熟透。
2. 干香菇泡软切丝；虾米泡软，备用。
3. 热锅加入 5 大匙色拉油（材料外），放入红葱末爆香至金黄色后取出。
4. 锅中放入香菇丝和虾米炒香，再放入猪肉丝炒熟，最后加入所有调味料炒匀。
5. 加入水煮开，放入油葱酥、糯米饭拌匀，再放回蒸桶里蒸约 5 分钟，食用前淋上油饭酱即可。

14 | 姜丝醋

用途：可用于蘸蒸饺、小笼包、汤包等包子类制品。

（材料）

姜丝·······················适量

（调味料）

镇江醋·····················适量
酱油·······················适量

（做法）

将所有调味料调匀，加入姜丝即可。

示范料理 蒸饺

（材料）

水饺皮适量、猪肉泥300克、姜末8克、葱花12克、韭菜150克、姜丝醋适量

（调味料）

盐3.5克、鸡粉4克、细砂糖3克、酱油10毫升、料酒10毫升、水50毫升、白胡椒粉1小匙、香油1大匙

（做法）

1. 韭菜洗净沥干后切碎，备用。
2. 将猪肉泥放入钢盆中，加入盐搅拌至有黏性，再加入鸡粉、细砂糖、酱油以及料酒拌匀，将50毫升的水分2次加入，边加水边搅拌至水分被猪肉泥吸收。
3. 加入葱花、姜末、白胡椒粉及香油拌匀，再加入韭菜碎拌匀即为内馅；取水饺皮包入约25克内馅，包成蒸饺形状后放入蒸笼，以大火蒸约5分钟，食用时可蘸取姜丝醋一起食用。

15 | 猪血糕辣酱

用途：可将蒸好的猪血糕蘸上此酱，再撒上适量香菜、花生粉，就是常见的美味小吃——猪血糕！

材料

A 红辣椒末 20 克、蒜末 20 克
B 酱油 50 毫升、酱油膏 100 毫升、辣椒酱 20 克
C 细砂糖 20 克、开水 100 毫升

做法

1. 将材料 C 中的开水加入细砂糖搅拌至溶解。
2. 加入所有材料 B 拌匀，再放入所有材料 A 搅拌均匀即可。

16 | 阿给酱

用途：可用于淋在阿给上，或是用来沾甜不辣等。

材料

A 辣椒酱…………50 克
番茄酱…………40 克
酱油膏…………10 克
细砂糖…………20 克
味噌…………20 克
水…………150 毫升
B 水淀粉…………适量

做法

将所有材料 A 倒入锅中搅拌均匀，以小火煮开后，缓缓倒入适量水淀粉，煮至浓稠状即可。

示范料理 阿给

（材料）
方形油豆腐 6 块、粉条 2 捆、虾米 20 克、葱末 10 克、鱼浆 200 克、香菜适量、阿给酱适量

（调味料）
酱油 1.5 大匙、盐适量、鸡粉 1/2 小匙、白胡椒粉适量、香油适量、水适量

（做法）
1. 方形油豆腐用刀划开，挖出内部约 1/3 的豆腐。
2. 粉条泡水至软，沥干切长段；虾米洗净泡软，剁碎备用。
3. 热锅倒入适量色拉油（材料外），加入葱末和虾米爆香，再加入所有调味料和适量水煮开，放入粉条拌炒均匀成内馅。
4. 取一块油豆腐，填入内馅，封口抹上鱼浆，重复此动作至材料用完，放入蒸笼蒸约 15 分钟。
5. 食用时淋上阿给酱，最后再撒上香菜即可。

17 沙茶酱

用途：可作为火锅蘸酱、拌面酱或当作一种调味料煎炒料理。

材料

扁鱼 300 克、虾米 300 克、红葱头 600 克、蒜头 600 克、红椒粉 100 克、欧芹粉 100 克、花生粉 5 大匙、五香粉 1 大匙、月桂叶 10 克、色拉油 1500 毫升

做法

1. 扁鱼放入 250℃的烤箱中，烤约 20 分钟至表面颜色变深，备用。
2. 红葱头去膜切除头、尾；蒜头去膜切除头、尾，备用。
3. 将红葱头、蒜头分别加水放入果汁机内打成泥，捞起沥干水分；虾米、月桂叶、扁鱼分别放入果汁机内打成细粉，备用。
4. 起锅，倒入半锅油烧热至 150℃，将红葱头泥、蒜头泥分别下锅，以小火炸干，捞起备用。
5. 将虾米粉放入油锅中，以小火拌炒 3 分钟，再放入扁鱼粉继续拌炒 3 分钟后，放入红椒粉、欧芹粉、花生粉、五香粉、月桂叶粉继续拌炒。
6. 放入红葱头泥、蒜头泥，持续以小火拌炒至呈浓稠泥状，关火放至沉淀即可。

示范料理 沙茶鱿鱼羹

（材料）

鱿鱼 300 克、高汤 1200 毫升、鸡蛋 1 个、罗勒适量、蒜末 5 克、色拉油适量

（调味料）

A 盐 1 小匙、冰糖 1/2 大匙、鸡粉 1 小匙、乌醋 1 小匙
B 沙茶酱 1/2 大匙、香油适量
C 淀粉 2 大匙、水 100 毫升

（做法）

1. 先将鱿鱼洗净、切片，然后再入沸水氽烫备用。
2. 热锅加入 1 大匙色拉油，并用蒜末爆香后，加入高汤煮滚，然后放入调味料 A。
3. 将调味料 C 调成芡汁，加入高汤中勾芡。
4. 再将蛋液打散，慢慢倒入汤中煮滚，边倒边搅拌。
5. 鱿鱼和罗勒放入碗中，再倒入羹汤，然后加入调味料 B 即可。

18 蚵嗲酱

用途：可用于淋在蚵嗲上，或是作为海鲜蘸酱。

材料

酱油膏 2 大匙、酱油 6 大匙、蒜末 2 大匙、细砂糖 1 大匙、鸡粉 1 大匙（可自行添加）

做法

将所有材料放入容器内搅拌均匀，至细砂糖溶化即完成。

中式酱料

蘸酱

33

19 肉羹酱

用途：可用来淋在肉羹汤或各式羹汤上提味。

 材料

酱油·····················6 大匙
乌醋·····················2 大匙
细砂糖···················1 小匙

 做法

将所有材料混合均匀，至细砂糖溶化即可。

20 虾卷蘸酱

用途：可用于淋在虾卷、热狗等小吃上。

 材料

辣椒酱·················2 大匙
番茄酱·················1 大匙
白砂糖·················1 大匙
凉开水·················2 大匙

 做法

将所有材料搅拌均匀即可。

示范料理 虾卷

（材料）
虾仁 200 克、肉泥 100 克、葱 1 根、大馄饨皮 9 张、淀粉适量、竹签 3 支、虾卷蘸酱适量

（调味料）
盐 1 小匙、鸡粉 1/2 小匙、胡椒粉适量、料酒适量

（做法）
1. 虾仁洗净去肠，剁成泥备用。
2. 葱切末，与虾泥、肉泥、淀粉及所有调味料搅拌均匀即为馅料。
3. 取一张馄饨皮，再取适量馅料平置于馄饨皮约 1/3 处。
4. 连同馅料将馄饨皮由内而外包裹，卷起成条状。
5. 于封口边缘蘸少许水粘住封口，重复此步骤至材料用毕。
6. 将卷好的虾卷放入 180℃的油锅炸约 6 分钟，直至表皮呈金黄色后即捞起沥干。
7. 用竹签将三个虾卷串为一串，食用前蘸酱即可。

用途：可用于淋在牡蛎煎、虾仁煎等粉浆类小吃上。

材料

甜辣酱 8 大匙、酱油膏 3 大匙、味噌 3 大匙、砂糖 2 大匙、梅子粉 1 大匙（可自行添加）、淀粉 3 大匙、水 1 杯

做法

将所有酱料充分搅拌均匀，用小火煮滚即完成。

示范料理 **牡蛎煎**

（材料）

A 鲜牡蛎…………1 人份
（5~6 颗）
　鸡蛋…………1~2 个
　小白菜…………40 克
B 地瓜粉…………20 克
　凉开水………150 毫升
C 牡蛎煎酱…………适量

（做法）

1. 将鲜牡蛎洗净，沥干水分；小白菜洗净切段备用。
2. 将平底锅热匀，放入鲜牡蛎以大火煎 1~2 分钟，加入混匀的材料 B，打入全蛋，再放入切段的小白菜。
3. 将牡蛎煎铲起翻面，白菜在下，继续煎 2~3 分钟至熟即可盛盘，淋上牡蛎煎酱食用。

22 | 鹅肉扁蘸酱 ▶

用途：除了作鹅肉扁蘸酱外，还可用在其他肉类的蘸酱上，或当作烹煮肉排的调味料。

 材料

辣椒酱 2 小匙、味噌 1 小匙、砂糖 1 小匙、乌醋 1 小匙、糯米粉 1 小匙、罗勒适量

 做法

将所有的材料（除了罗勒外）调匀煮开即可。酱料放凉之后，将罗勒切成碎片，加入酱料之中即可。

◀ 23 | 葱姜油酱

用途：属于港式酱料，可用来拌白萝卜丝、海蜇皮这类味道淡、风味却特殊的食材，或是蘸白肉或鱼肉，比如蘸油鸡、鱼片。

材料

姜	40 克
葱	40 克
盐	15 克
鸡粉	5 克
色拉油	60 毫升

做法

1. 姜去皮洗净切细末；葱洗净切葱花，备用。
2. 取一碗，放入姜末、葱花、盐及鸡粉，拌匀备用。
3. 色拉油加热至约 160℃ 后，将油冲入做法 2 中，拌匀放凉即可。

24 | 油鸡淋酱 ▶

用途：除了作油鸡淋酱外，加入面汤可提升汤头美味，加入卤汁可使卤味更香，另外拌饭的效果也不错。

 材料

酱油 3 杯、麦芽糖 3~4 大匙、冰糖 3 大匙、料酒 1/2 杯、盐 2 大匙、水 10 杯、香油 1/2 杯

 卤包

广陈皮 5 克、桂皮 8 克、八角 2 颗、甘草 3 克、丁香 2 克、花椒粒 5 克、小茴香 5 克、豆蔻 3 克

 做法

将所有材料放入锅中，用中火煮约 20 分钟，就是香喷喷的油鸡淋酱。

25 | 梅渍酱

用途：可以用来蘸白切鸡、鸭、鹅等。

材料

紫苏梅（梅渍）10 颗
水 ·············· 50 毫升
糯米粉水 ········ 1 小匙

调味料

糖 ·················· 2 大匙

做法

1. 将每颗紫苏梅用刀切开，去除果核备用。
2. 将做法 1 的紫苏梅抓烂，取一小锅，将水、糖及紫苏梅以小火慢慢加热，加热均匀后，再加入糯米粉水勾芡略拌即可熄火，待凉即完成。

26 | 生蚝蘸酱 ▶

用途：可直接淋在生蚝、生虾等生鲜食的海鲜上。

材料

洋葱 ·············· 1/8 颗
蒜头 ··············· 2 瓣
番茄酱 ············· 3 大匙
蜂蜜 ··············· 1 小匙
细砂糖 ············· 1 小匙
辣椒酱 ············· 1 大匙

做法

将洋葱及蒜头切成末后，与所有材料拌匀即可。

27 | 辣油膏淋酱

用途：可以用于淋在传统卤味、黑白切、葱油饼、蛋饼、萝卜糕上面，用途十分广泛。

材料

辣椒酱 ·········· 2 大匙
酱油膏 ·········· 2 大匙
细砂糖 ·········· 1 大匙
蒜泥 ·············· 1 大匙

做法

将所有材料调匀至细砂糖完全溶解即可。

 28 蒜蓉茄酱

用途：酸甜的滋味最适合淋在各种炸物上。

材料

蒜泥……………………1大匙
番茄酱…………………1大匙
酱油膏…………………2大匙
细砂糖…………………2大匙
香油……………………1小匙

做法

将所有材料调匀至细砂糖
完全溶解即可。

29 浙醋淋汁

用途：用来搭配鱼翅汤、各种羹汤、小笼包、汤包、烧卖都
很适宜。

材料

大红浙醋…………………3大匙
姜末………………………1小匙
细砂糖……………………1大匙
盐……………………………适量

做法

将所有材料调匀至细砂糖
完全溶解即可。

 30 芝麻腐乳淋汁

用途：可淋于各种汆烫肉类或是涮肉片上，尤其是膻味重
的肉类例如羊肉更适宜。

材料

芝麻酱1大匙、红腐乳1大匙、
凉开水2大匙、蒜泥1大匙、
葱花1大匙、香菜末1小匙、
香油1大匙

做法

将所有材料调匀即可。

31 橙檬蘸酱

用途：适用于作为水果火锅的蘸酱。

材料

柳橙汁……………………2大匙
柠檬汁……………………1小匙
味醂………………………1大匙
酱油………………………1小匙

做法

将所有材料搅拌均匀即可。

 32 | 姜汁

用途：适合用来蘸涮肉片及海鲜。

材料

日式柴鱼高汤…120 毫升
姜汁……………………1 小匙
糖粉…………………1/2 小匙
酱油……………………2 大匙
水果醋…………………2 大匙
葱末……………………1 小匙

做法

将所有材料搅拌均匀即可。

注：日式柴鱼高汤做法见
P232

33 | 青蒜醋汁

用途：适合用来蘸白切鸡、白切猪肉。

材料

蒜苗……………………1 根
米醋…………………1/2 碗

做法

将蒜苗洗净后只取蒜白部
分，并切成细末状，加入米
醋碗中，混合均匀即可。

 34 | 香芹蚝汁

用途：适合用来蘸水煮海鲜、肉类。

材料

蚝油…………………4 大匙
香芹粉…………………1 小匙
香油…………………1/2 小匙
糖…………………1/4 小匙

做法

将所有材料一起混合均匀
即可。

35 | 果泥蘸酱

用途：可用于蘸螃蟹等海鲜类料理。

材料

猕猴桃…………………2 个
柠檬…………………1/2 个
蜂蜜……………………1 大匙
盐 …………………1/4 小匙
细砂糖…………………1 小匙

做法

1. 将猕猴桃削皮，柠檬榨成汁
备用。
2. 将所有材料一起用果汁机打
匀即可。

36 | 牡蛎面线淋酱 ▶

用途：可用于淋在面线及各种羹汤上提味。

材料

A 酱油……………5 大匙
　五印醋（乌醋）2 大匙
　糖………………1 大匙
B 辣油……………1 小匙
　蒜泥…………1/3 小匙
　香菜……………适量

做法

1. 将所有材料 A 混合拌匀至糖溶化即完成。
2. 食用前，舀 1 小匙做法 1 的酱料淋在面线上，再加入适量材料 B 即可享用。

◀ 37 | 甜不辣淋酱

用途：用于蘸甜不辣或关东煮皆可。

材料

A 辣椒酱 6 大匙、海山酱 8 大匙、味噌 3 大匙、乌醋 1.5 大匙、酱油 4 大匙、盐 1/2 小匙、糖 1 大匙、水 1 又 1/2 杯
B 水 1/2 杯、粘米粉 4 大匙
C 鲜味露 1 小匙

做法

1. 将材料 A 放入锅内拌匀煮滚。
2. 将材料 B 混匀，加入做法 1 的锅中勾芡，熄火后再加入材料 C 即完成。

38 | 酸辣蘸酱 ▶

用途：可用于蘸水饺、煎饺、水煎包等面类制品。

材料

酱油……………1 小匙
蚝油……………1 小匙
白醋……………1 小匙
细砂糖…………1 小匙
辣油……………1 大匙
凉开水…………2 小匙

做法

将所有材料倒入碗中拌匀即可。

用途：除了作羊肉炉蘸酱，也可当作烤肉酱或药炖排骨的蘸酱食用，味道也非常好。

材料

香油豆腐乳1块、香油豆腐乳汁1小匙、糖2小匙、辣椒酱1/2小匙、豆腐乳汁1小匙、葱末1小匙、香菜末1小匙

做法

将香油豆腐乳放入小碗中，倒入糖、辣椒酱和香油豆腐乳汁，用汤匙调匀，上桌前再撒上葱末和香菜末即成。

注：豆腐乳汁指的就是装豆腐乳瓶子里的汁液。

示范料理 羊肉炉

（材料）

带皮羊肉	1000克
姜片	250克
水	12.5杯
枸杞	1小匙
大茴香	5颗
小茴香	适量
桂枝	适量
陈皮	适量
蒜苗	1支
香菜	适量
羊肉炉沾酱	适量

（调味料）

香油	5.5大匙
番茄酱	2大匙
豆瓣酱	3大匙
冰糖	1大匙
酱油	3大匙
鸡粉	1小匙

（做法）

1. 带皮羊肉洗净，切块备用。
2. 锅中放入适量水，以中火烧热后，放入羊肉汆烫去血水，再以冷水冲洗血水后备用。
3. 锅中放入4大匙香油，以中火爆香姜片后，加入做法2拌炒至微熟备用。
4. 锅中放入做法3、香油1大匙、番茄酱、豆瓣酱、冰糖，再倒入12.5杯水、枸杞子、大茴香、小茴香、桂枝、陈皮，以小火慢炖90分钟后，放入酱油、鸡粉调味拌匀，再将羊肉和原汁分开备用。
5. 将原汁与水按3:1的比例煮滚，加入香油0.5大匙、蒜苗、香菜与做法4的羊肉及火锅料全部一起煮滚后即可。食用时可蘸取适量羊肉炉蘸酱，风味更佳。

40 | 麻辣火锅蘸酱

用途：可用来作麻辣锅蘸酱或涮海鲜的蘸酱。

 材料

青蒜尾2大匙（切成约0.5厘米长的小段）、白醋3~4大匙、香油适量

 做法

将白醋先倒入小碗中，加入切好的青蒜尾段，再滴入适量香油即可。

示范料理 麻辣锅

（锅底材料）

黑麻油·················1大匙
老姜·····················15克
蒜头·······················2瓣
辣豆瓣酱···············2大匙
豆豉·······················1小匙
冬菜·······················1大匙
牛高汤·············5000毫升
（做法见P.162）
麻辣火锅蘸酱···········适量

（锅底调味料）

辣椒粉···················1大匙
花椒粉···················1小匙
蚝油·······················1大匙
细砂糖···················1大匙
鸡粉····················1/2大匙
盐···························适量

（做法）

1. 老姜、蒜头切末，豆豉洗过切碎，备用。
2. 热锅加入黑麻油，依序加入老姜末、蒜头末爆香至呈金黄色。
3. 放入辣豆瓣酱、豆豉和冬菜拌炒。
4. 续放入牛高汤煮滚后，加入所有调味料待再度煮滚。
5. 放入喜欢的食材，煮熟即可蘸取麻辣火锅蘸酱食用。

◀41 | 北京烤鸭蘸酱

用途： 可作为北京烤鸭的蘸酱，包进饼皮里和烤鸭、葱一起食用。

材料

甜面酱 ·····················1罐
香油 ·······················适量
糖 ·························适量

做法

1. 净锅热油后，火转小，倒入甜面酱炒出香味。
2. 加适量糖和少许水（材料外），续炒至糖完全溶化。
3. 起锅前淋上一点香油，增加甜面酱的香气即可。

42 | 蒜味油膏▶

用途： 用来蘸白斩鸡、白切肉或者是鹅肉，味道都非常好。

材料

酱油膏 ···············1/2杯
砂糖 ·················2大匙
蒜末 ·················2大匙
胡麻油 ···············1小匙

做法

将所有材料拌匀即可。

◀43 | 姜蓉酱

用途： 可用来蘸白斩鸡、油鸡或盐水鸡。

材料

姜泥 ·················适量
葱末 ·················适量
盐 ···················1小匙
鸡油 ·················1大匙
香油 ·················1/2小匙
鸡粉 ·················1小匙

做法

所有材料拌匀即可。

44 葱姜蒜什锦泥酱 ▶

用途：用来作氽烫肉片、海鲜、青菜蘸酱、快炒酱均
可。葱姜蒜什锦泥酱兼具姜蓉、蒜蓉的特点，
所以用途更广泛。

材料

葱末……………………1大匙
姜末……………………1大匙
蒜末……………………1大匙
香油…………………1/2大匙
盐……………………2小匙

做法

所有材料混合拌匀即可。
也可用1大匙色拉油代替1/2大匙香
油，准备一个小碗，把葱末、姜末、
蒜末、盐放入其中，然后将色拉油烧
热后倒入小碗中，趁油热将所有材料拌
匀即可。

◀ 45 辣豆瓣酱

用途：用来与各种食物炒煮炖烩均可，或直接作氽烫食
物的蘸酱用。辣豆瓣酱的用途很广，利用辣豆瓣
酱可以调制出许多好吃的酱料，比如羊肉炉蘸酱
等。如果觉得做好的辣豆瓣酱太咸，可以加适量
糖或用水稀释一下。

材料

辣椒酱……………………2大匙
豆瓣酱……………………4大匙

做法

将2种酱料混合搅
拌均匀即可。

46 素食火锅蘸酱 ▶

用途：可用作火锅蘸酱或烤青辣椒、玉米时的烧
烤酱。

材料

素沙茶酱……………2大匙
酱油…………………1大匙
香菜末………………1大匙
砂糖…………………1/2小匙

做法

将素沙茶酱、酱
油和砂糖混合拌匀，再撒
上香菜末即可。

◀47｜米酱

用途：可用于焖粉肝、烫猪肝，或是蘸粽子酱、蘸鹅肉等。

材料

粘米粉2大匙、酱油3~4大匙、糖2~3大匙、水2杯、盐适量、甘草粉适量

做法

将所有材料放入锅中，调匀煮开放凉即可。

注：一般米酱是放凉了使用，但米酱一放凉就会变得很浓稠，所以不要煮得太浓稠，以免凉了不好使用。

48｜萝卜糕蘸酱▶

用途：可用来当煎萝卜糕的蘸酱，或蘸其他煎炸类小吃。

材料

葱1根、红辣椒1/2个、蒜头1瓣、酱油膏1大匙、糖1小匙

做法

1. 将葱、红辣椒、蒜头都洗净切成碎状。
2. 再加入酱油膏与糖一起调和均匀即可。

◀49｜炸鸡块酸甜酱

用途：除了蘸鸡块以外，蘸薯条、洋葱圈和餐包也都相当美味。

材料

水3大匙、酱油1小匙、白醋（或苹果醋）2小匙、色拉油1/2小匙、糖1小匙、粘米粉1小匙、洋葱粉1大匙、大蒜粉1大匙、糖浆1大匙（可用枫糖浆或玉米糖浆）、盐适量（少于1/8小匙）

做法

将所有材料在锅中调匀后用小火煮，一边煮要一边搅拌，以免粘锅，煮至浓稠状时就可以熄火，放凉即可。

50 | 烫墨鱼鱿鱼蘸料 ▶

用途：可作为水煮海鲜、五花肉的蘸酱。味噌的种类很多，购买时不要挑味道太浓太咸的，甘甜一点的味噌效果最好。

材料

味噌……………………1大匙
番茄酱…………………2大匙
糖………………………1大匙
香油……………………1小匙
姜泥……………………1大匙

做法

将所有材料（除了姜泥以外）放入碗中一起调匀，再放上姜泥即可。

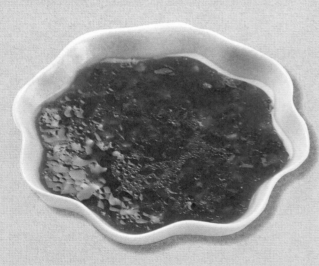

◀ 51 | 炸墨鱼蘸酱

用途：可作为油炸海鲜或蔬菜蘸酱。

材料

乌醋……………………1大匙
葱末……………………1大匙
蒜末……………………1大匙
红辣椒末………………适量
姜末……………………1小匙

香菜末…………………1小匙
糖………………………1小匙
番茄酱…………………1大匙
香油……………………适量

做法

把所有材料混合调匀即可。

52 | 苹果蒜泥酱 ▶

用途：可用来当白煮肉的蘸酱。

材料

米酒……………………1大匙
蒜泥……………………1大匙
苹果泥…………………3大匙
酱油膏…………………适量

做法

将蒜泥1大匙、苹果泥3大匙、米酒1大匙、酱油膏适量，放入碗中一起拌匀，即可。

◀53｜鲍鱼贝类蘸酱

用途：可作为清蒸贝类海鲜蘸酱，或高汤火锅的蘸酱。

材料

酱油膏	1大匙
番茄酱	2大匙
乌醋	1大匙
糖	1小匙
甜辣酱	1大匙
姜末	1小匙
蒜末	1小匙
香油	适量

做法

所有材料调开拌匀即可。

54｜豆乳泥辣酱▶

用途：用来炒、蒸、烩、沾皆可。

材料

豆腐乳	1块
果糖	5.5大匙
辣油	1大匙
水	2/3杯
酱油	1/2大匙
蒜泥	1大匙
葱末	1大匙

做法

1. 先将豆腐乳压成泥状备用。
2. 将豆腐乳与水拌匀后，加入果糖、辣油、酱油等用小火煮沸。
3. 食用时再加入蒜泥、葱末即可。

注：如用白开水拌匀所有材料，不需煮沸，可立即做蘸酱使用。

◀55｜中国乳酪酱

（豆腐乳沙拉酱）

用途：可作为海鲜蘸酱、白肉蘸酱和鸭肉蘸酱等。

材料

A	辣豆腐乳	5块
B	苹果醋	2大匙
	味醂	1大匙
	酱油	2大匙
	果糖	1小匙

做法

1. 将辣豆腐乳搅碎。
2. 加入材料B一同拌匀即可。

调对酱料做什么都好吃

 56 梅子酱

用途：可用于蘸白切肉或者鸭肉、鹅肉。

材料
渍梅……………………10颗
梅汁……………………半杯
梅子醋…………………1大匙

做法
梅子去籽，将梅子肉及梅汁、梅子醋放入果汁机，打碎后拌匀即可。

57 梅子糖醋酱

用途：可用于蘸鸡肉、白切肉和甜不辣等，也可用这道酱料来做糖醋排骨。

材料
腌渍梅子…………………1杯
镇江醋……………………1.5杯
细砂………………………3杯
番茄酱……………………1.5杯

做法
1. 梅子搅成泥，过筛去籽、去皮。
2. 加入所有材料，煮沸即可。

 58 菠萝酱

用途：可用来蘸水煮软丝，或用于凉拌苦瓜、凉拌西芹等。

材料
新鲜菠萝…………………1/6片
黄豆瓣……………………1大匙
柠檬皮……………………1/2个
柠檬汁……………………1/2个
酱油………………………1/2杯
开水………………………1/4杯
果糖………………………2大匙

做法
1. 将菠萝切成细碎粒备用。
2. 接着将所有材料放入锅中煮滚，放凉即可。

59 西红柿切片蘸酱 ▶

用途：此酱料为西红柿切片的专用酱料，西红柿在食用前最好先冰过，冰凉的西红柿蘸着微热的酱料，是非常特别的美味。

材料
酱油………………………1大匙
姜末(磨泥)………………1/2小匙
甘草粉或糖粉………………适量

做法
将所有材料充分拌匀即可。如果喜欢砂糖的口感，也可以用砂糖代替糖粉，砂糖不一定要完全溶解，砂糖颗粒配合酱汁吃在嘴里别有一番风味。

60 | 蜜汁火腿酱

用途：作为名菜蜜汁火腿的蘸酱或炸海鲜饼的蘸酱均可。

材料

红枣4两、冰糖6大匙、米酒（或酒酿）2大匙、火腿300克、淀粉1小匙、水1大匙

做法

1. 将火腿排入汤碗，上面放上洗净的红枣，依序加入冰糖、米酒，放入锅中蒸2小时。
2. 将汤汁倒出1杯左右，放入容器内加热，以水淀粉勾芡煮至浓稠即为蜜汁火腿酱，蒸煮过后的火腿夹入吐司内食用即可。

61 | 蜜汁淋酱

用途：用来蘸各式炸物都很适合。

材料

蒜泥1大匙、姜汁1大匙、蚝油2大匙、麦芽糖3大匙、水5大匙、酱油1大匙、五香粉1/8小匙

做法

1. 将所有材料放入锅中，以小火一边煮一边搅拌均匀。
2. 持续拌煮至麦芽糖溶化、酱汁滚沸即可。

示范料理 **蜜汁鸡排**

（材料）

鸡胸肉1/2块、葱2根、姜10克、蒜头40克、水100毫升

（调味料）

A 五香粉1/4小匙、细砂糖1大匙、鸡粉1小匙、酱油膏1大匙、小苏打1/4小匙、料酒2大匙

B 地瓜粉2杯、蜜汁淋酱2大匙

（做法）

1. 鸡胸肉洗净去皮，从侧面横剖到底但不要切断，摊开成一大片鸡排备用。
2. 葱、姜、蒜头洗净放入果汁机，倒入水搅打成汁，滤除葱、姜、蒜渣，加入所有调味料A，拌匀成腌汁备用。
3. 将鸡排放入腌汁中，覆上保鲜膜后放入冰箱冷藏，腌渍约2小时。
4. 取出腌好的鸡排，于鸡排两面沾上适量地瓜粉，并以手掌按压让地瓜粉沾紧，拿起轻轻抖掉多余的地瓜粉后，静置约1分钟使粉回潮。
5. 热油锅至油温约180℃，放入鸡排，炸约2分钟至表面呈金黄色后起锅沥干，淋上蜜汁淋酱即可。

62|姜蒜醋味酱▶

用途：水煮蟹脚搭配姜蒜醋味酱最配，既能去腥又能提鲜。姜蒜醋的比例很重要，加1大匙糖味道会更好。

材料

蒜头……………………2瓣
姜………………………10克
白醋……………………3大匙
细砂糖…………………1大匙

做法

1. 将蒜头与姜都切成碎状。
2. 将做法1的材料和其余材料混合即可。

◀63|南姜豆酱

用途：适合用来蘸白灼肉类或海鲜。

材料

黄豆酱…………………200克
南姜……………………50克
凉开水…………………80毫升

做法

1. 黄豆酱沥干汁液，放入果汁机加凉开水打匀。
2. 将南姜磨成泥状，再加入处理好的客家豆酱，搅拌均匀即可。

64|虾味肉臊▶

用途：可用来淋在水煮青菜上，或用来拌面。

材料

猪肉泥…………………100克
虾米……………………1大匙
蒜头……………………2瓣
红辣椒…………………1/3条
酱油……………………1小匙
水………………………100毫升

做法

1. 将蒜头、红辣椒切成碎状备用。
2. 取炒锅，先加入1大匙色拉油（材料外），再加入猪肉泥、虾米和做法1的材料爆香，最后再加入其余材料煮滚即可。

65 | 柚子茶橘酱

用途：不仅可以拿来泡茶，也可以搭配料理一起食用。在调酱时加入1大匙酱油，可以中和橘酱的酸味，适合用来蘸食肉类，特别是白切鸡。

 材料

韩国柚子茶 ·········1大匙
橘子酱 ··············1大匙
酱油 ················1大匙

 做法

将所有材料混合调匀即可。

示范料理 **柚香白切鸡**

（材料）

去骨鸡腿排 ············1块
姜 ····················6克
葱 ····················1根
柚子茶橘酱 ··········适量

（做法）

1. 将姜切片；葱切段备用。
2. 将鸡腿洗净，放入锅中，加冷水淹过鸡腿，再加入做法1的材料，盖锅盖以中火煮开约10分钟，再关火焖20分钟。
3. 接着将鸡腿切成块状，搭配柚子茶橘酱即可。

66 甘甜酱汁 ▶

用途：可以用来淋在蔬菜上，如苦瓜等。

材料

猪肉泥	50克
酱油膏	2大匙
红辣椒	1根
红葱头	3颗
蒜头	3瓣
冰糖	1大匙
香油	1小匙

做法

1. 将红辣椒，蒜头、红葱头切片备用。
2. 取炒锅加入1大匙色拉油（材料外），加入做法1的材料炒香，再加入其余的所有材料，以中火翻炒均匀即可。

◀ 67 云南酸辣酱

用途：适合用来蘸食肉类等。

材料

海山酱	3大匙
番茄酱	3大匙
柠檬汁	1小匙
盐	适量
白胡椒粉	适量
香菜	适量

做法

取一容器，加入所有的调味料，再用大匙搅拌均匀即可。

68 塔香油膏 ▶

用途：可以用来淋在水煮青菜上，或拿来热炒有壳类的海鲜。

材料

新鲜罗勒	1根
红辣椒	1/3个
酱油膏	2大匙
米酒	1大匙
凉开水	1大匙

做法

1. 将新鲜罗勒洗净再切成细丝状；红辣椒切碎备用。
2. 将做法1的材料和其余材料混合即可。

中式酱料篇 凉拌酱

69 | 五味拌酱

用途： 属于传统台式风味酱料，可蘸可拌，传统习惯用于蘸海鲜与白肉，例如烫乌贼。

 材料

葱 15 克、姜 5 克、蒜头 10 克、乌醋 15 克、白糖 35 克、香油 20 毫升、酱油膏 40 克、辣椒酱 30 克、番茄酱 50 克

做法

1. 将蒜头磨成泥；姜切成细末；葱切成葱花，备用。
2. 将所有材料混合拌匀至白糖溶化即可。

示范料理 | 五味鲜虾

（材料）

鲜虾·····················12 只
小黄瓜················50 克
菠萝片················60 克
五味拌酱···········4 大匙

（做法）

1. 鲜虾洗净去肠；小黄瓜洗净后与菠萝片均切丁，备用。
2. 煮一锅水至沸腾，放入鲜虾煮约 2 分钟至熟，取出冲水至凉，剥去虾头及虾壳备用。
3. 将鲜虾、小黄瓜及菠萝丁加入五味拌酱拌匀即可。

◀70 | 乳香酱

用途：除了当作一般水煮蔬食的蘸酱外，也可以当作沙拉酱，拿来做各种沙拉料理。

材料

蛋黄酱·················3 大匙
酱油······················适量
味噌··················1 小匙
香油··················1 小匙
糖·····················1 小匙

做法

取一容器，加入所有材料，搅拌均匀即可。

71 | 麻酱油膏 ▶

用途：味道浓郁醇厚，适合用来蘸红肉、拌蔬菜，除此之外还可以拌面。

材料

酱油膏·················100 克
芝麻酱··················50 克
凉开水················50 毫升
白糖····················20 克
蒜头····················30 克
葱······················20 克

做法

1. 蒜头磨成泥；葱切成末，备用。
2. 将芝麻酱与凉开水拌匀成稀糊状后，加入其他材料拌匀即可。

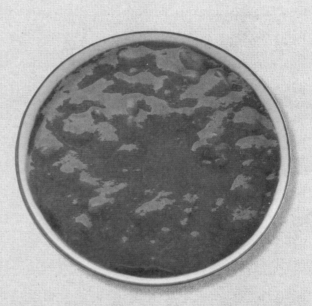

◀72 | 香麻辣酱

用途：又麻又辣的风味，适合与口味稍重的食材搭配，除了当凉拌酱外，还适合作为面食蘸酱或拌酱，如水饺、包子、饼类。

材料

芝麻酱 50 克、辣椒油 30 毫升、凉开水 20 毫升、花椒粉 1 小匙、酱油 30 毫升、白醋 10 克、白糖 20 克、香油 15 毫升

做法

将所有材料混合，拌匀至白糖溶化即可。

73 |怪味淋酱▶

用途：怪味鸡的淋酱，除此之外，凉拌料理也适合淋上怪味酱。

● 材料

山葵酱……………1 大匙
辣椒水……………1 小匙
番茄酱……………1 大匙
姜汁………………1 小匙
盐…………………1/10 小匙
细砂糖……………1 小匙
热开水……………1 大匙
香油………………1 小匙

● 做法

1. 将细砂糖和盐倒入热开水中，搅拌至溶解。
2. 再加入其余材料调匀即可。

◀74 |香葱蒜泥淋酱

用途：可用于凉拌青菜、肉片、黑白切等。

● 材料

红葱头……………30 克
蒜泥………………30 克
酱油膏……………3 大匙
细砂糖……………2 大匙
水…………………4 大匙
色拉油……………2 大匙

● 做法

1. 红葱头去皮剁碎备用。
2. 热锅，倒入色拉油，以微火爆香红葱头碎，至红葱头碎呈金黄色。
3. 加入蒜泥略炒香，再加入酱油膏、水、细砂糖拌匀，煮至细砂糖溶解、酱汁滚沸即可。

75 |味噌辣酱▶

用途：可用于凉拌水煮海鲜，或是作为关东煮的蘸酱。

● 材料

味噌………………2 大匙
甜辣酱……………2 大匙
海山酱……………1 大匙
姜汁………………1 大匙
细砂糖……………1 大匙
热开水……………2 大匙
香油………………1 大匙

● 做法

1. 将细砂糖倒入热开水中，搅拌至溶解。
2. 再加入其余材料调匀即可。

76 蒜味沙茶酱

用途：可用来凉拌青菜等。

材料

红葱头 ·····················10 克
蒜头 ·······················2 瓣
酱油膏 ·····················2 大匙
沙茶酱 ·····················1 大匙
水 ·························2 大匙
细砂糖 ·····················1/2 小匙
色拉油 ·····················1 大匙

做法

1. 红葱头与蒜头切碎末备用。
2. 热锅，倒入色拉油，先以小火将蒜末、红葱头末炒香，再加入酱油膏、沙茶酱、水及细砂糖搅匀煮开即可。

77 蒜味红曲淋酱

用途：适用于拌各种肉类，尤其是切肉最对味。

材料

蒜末 ·····················1 小匙
红曲汁 ·····················1 大匙
蚝油 ·····················1 大匙
细砂糖 ·····················1 小匙
香油 ·····················1 小匙

做法

将所有材料调匀至细砂糖完全溶解即可。

示范料理 红曲白切肉

（材料）
带皮五花肉 ········300 克
蒜味红曲淋酱 ·······3 大匙

（做法）
1. 将整块带皮五花肉放入锅中，倒入足以覆盖整块带皮五花肉的水量，以小火煮至带皮五花熟透后冲冷水。
2. 待五花肉冷却后，放入冰箱冷冻至略硬（较好切片）。
3. 取出带皮五花肉切薄片；取一锅倒入约 500 毫升的水，煮沸后放入带皮五花肉薄片，汆烫过后捞出沥干水分盛盘，淋上蒜味红曲淋酱即可。

78 | 香椿酱油

用途：除了用来拌凉菜外，也可以拌面或用作火锅料。

材料

香椿嫩叶 50 克、香油 50 毫升、酱油 60 毫升、细砂糖 15 克、红辣椒末 20 克

做法

1. 将香椿嫩叶剁碎后，放入碗中备用。
2. 香油加热至约 100℃后，将油冲入香椿末中拌匀放凉。
3. 再将酱油、白糖及红辣椒末拌入香椿中即可。

示范料理 香椿豆干丝

（材料）

卤豆干 ············ 150 克
红辣椒 ············ 10 克
葱 ··············· 20 克
香椿酱油 ·········· 2 大匙

（做法）

1. 卤豆干、红辣椒、葱切丝备用。
2. 将做法 1 的材料加入香椿酱油一起拌匀即可。

注：市售的卤豆干有分两种，凉拌建议使用熏过的黑豆干，其口感比较扎实，且带有浓郁的烟熏味，会让整道菜的风味更多变。

◄79 | 鲜辣淋汁

用途：可用于凉拌海鲜或青菜。

材料

辣椒酱·············1 大匙
细砂糖·············1 大匙
白醋··············1 大匙
蒜泥··············1 小匙
葱花··············1 大匙
热开水·············1 大匙
香油··············1 小匙

做法

1. 将细砂糖倒入热开水中搅拌至溶解。
2. 再加入其余材料调匀即可。

80 | 兰花淋汁►

用途：可用于兰花茄子的拌酱，除此之外也适用于各种清蒸或氽烫的蔬菜。

材料

蒜泥1大匙、葱末1大匙、乌醋1大匙、酱油1大匙、蚝油1大匙、细砂糖1大匙、色拉油1大匙

做法

1. 热锅倒入色拉油，以小火爆香蒜泥和葱末。
2. 再加入其余材料拌匀，煮至滚沸即可。

◄81 | 咖喱淋酱

用途：可用于淋在米饭或面上，另外也适合淋在氽烫的料理上。

材料

咖喱粉·············2 大匙
沙茶酱·············2 大匙
洋葱末·············1 大匙
蒜泥··············1 大匙
蚝油··············2 大匙
细砂糖·············2 小匙
水···············4 大匙

做法

1. 热锅倒入少许色拉油，以小火爆香洋葱末和蒜泥。
2. 加入咖喱粉略炒香，再加入其余材料拌匀，煮至滚沸即可。

82 | 椒味淋汁 ▶

用途：适合各种需要添加辣味的小吃、肉类。

材料

青辣椒 ……………………1 个
乌醋 ……………………3 大匙
蒜泥 ……………………1 大匙
细砂糖 …………………1 大匙
香油 ……………………1 小匙

做法

1. 青辣椒剖开去籽后剁碎备用。
2. 将所有材料混合，调匀至细砂糖完全溶解即可。

◀ 83 | 三味淋汁

用途：可作为各式肉类、海鲜凉拌菜的淋酱。

材料

蒜泥 1 小匙、红辣椒末 1 小匙、鲜味露 2 大匙、乌醋 1 大匙、细砂糖 1 大匙、热开水 2 大匙

做法

1. 将细砂糖倒入热开水中搅拌至溶解。
2. 再加入其余材料调匀即可。

84 | 香芒淋酱 ▶

用途：凉拌蔬菜或是清爽口味的食材都适合淋上香芒淋酱。

材料

芒果肉 …………………60 克
花生酱 …………………2 大匙
柠檬汁 …………………2 小匙
细砂糖 …………………1 小匙
盐 ………………………1/6 小匙

做法

1. 芒果肉压成泥备用。
2. 于做法 1 中加入其余材料调匀即可。

85 | 盐水鸡蘸料

中式酱料

凉拌酱

用途：可用来做盐水鸡、盐水蔬菜及其他食材的蘸料。

材料

盐 3 大匙、姜 4~5 片、葱 3 根、料酒 1/2 碗、陈皮 3 克、桂皮 8 克、八角 2 颗、水 1/2 杯

做法

将材料全部放入锅中熬煮即可。

示范料理 **盐水鸡**

（材料）

土鸡·················900 克
姜····················7 克
葱····················2 根
水·················1500 毫升

（调味料）

盐水鸡蘸酱·········适量

（做法）

1. 将姜切片；葱切段备用。
2. 将土鸡洗净，放入锅中加入冷水淹过全鸡，再加入做法 1 的材料，盖上锅盖以中火煮开约 15 分钟，再关火焖 30 分钟即可捞起。
3. 最后将土鸡放入盐水鸡蘸料中，泡至入味，待鸡放冷后切成小块状即可食用。

86 | 香酒汁

用途：可用于做醉鸡等料理。

材料

A 鸡高汤 50 毫升、盐 1/2
　小匙、鸡粉 1/2 小匙、糖
　1/4 小匙、当归 1 片、枸
　杞 1 小匙
B 陈年绍兴酒 200 毫升

做法

1. 将当归剪碎备用。
2. 取一汤锅，将所有材料 A
　一起入锅煮开即可关火。
3. 待做法 2 的汤凉后，倒入
　材料 B 即可。

示范料理 醉鸡

（材料）
土鸡腿…………………1只

（调味料）
香酒汁………………适量
（以可以完全浸泡食材为宜）

（做法）
1. 鸡腿去骨，卷成圆筒状，
　用铝箔纸包好固定备用。
2. 将鸡腿肉放入蒸笼，用大
　火蒸约 12 分钟取出，以
　冷水泡凉，并撕掉铝箔纸
　备用。
3. 将鸡腿肉放入香酒汁中浸
　泡，约一天后即可食用。

87 | 绍兴人参汤

用途：可用于做醉虾等料理。

 材料

参须··················· 5 克
枸杞子··············· 20 粒
甘草··················· 7 片
绍兴酒············ 200 毫升

 做法

取一个汤锅，放入所有的材料，以中火煮开约 2 分钟即可。

示范料理 **绍兴醉虾**

（材料）

草虾·················15 只
姜片··················5 克
绍兴人参汤···········适量

（做法）

1. 将草虾的头与须都修剪整齐，挑去沙肠备用。

2. 将修好的草虾和姜片一起放入滚水中汆烫约 1 分钟，至变色即可捞起冲冷水备用。

3. 再将草虾放入煮开的绍兴人参汤里面，冷却后放入冰箱至少浸泡 3 小时以上至入味即可食用。

88 | 芥末汁

用途：可用于制凉拌海鲜或是做凉拌鸭掌等料理。

 材料

A 芥末粉 1/2 小匙、温开水 1 小匙
B 酱油 1 大匙、蚝油 1/2 小匙、醋 1 小匙、香油 1 小匙、糖 1/2 小匙

 做法

1. 将材料 A 拌匀成芥末酱备用。
2. 材料 B 加入芥末酱中一起调匀即可。

示范料理 呛辣鸭掌

（材料）
泡发鸭掌 300 克、小黄瓜 2 根、姜 1 小块、蒜头 3 瓣

（调味料）
芥末汁 3 大匙

（做法）
1. 鸭掌剖开成对半，以温开水冲洗后备用。
2. 小黄瓜切小段拍扁；姜切丝、蒜头切碎备用。
3. 将做法 1 和 2 的所有食材拌匀并盛盘，均匀淋上芥末汁即可食用。

◀89 酸甜淋酱

用途：可淋于各种凉拌菜上。

材料

梅林辣酱油………1 大匙
番茄酱……………1 大匙
细砂糖……………3 大匙
A1 酱……………1 大匙
白醋………………1 大匙

做法

将所有材料调匀即可。

90 甜梅淋酱▶

用途：适用于各种炸物、凉拌菜。

材料

番茄酱……………1 大匙
梅子酱……………3 大匙
姜汁………………1 小匙
蒜泥………………1 小匙
香油………………1 小匙

做法

将所有材料调匀即可。

◀91 酸辣拌酱

用途：尝起来口味较重，适合拌各种肉类以及鱼，而虾、墨鱼类的味道与之较不搭。

材料

蚝油………………100 毫升
香醋………………30 毫升
细砂糖……………30 克
辣油………………50 毫升

做法

将所有材料混合拌匀至细砂糖溶化即可。

65

92 | 橘汁辣拌酱 ▶

用途：适合作为肉类或海鲜食材的拌酱或蘸酱。

材料

甜辣酱 ……………… 50 克
橘子酱 …………… 100 克
细砂糖 …………… 10 克
香油 ……………… 40 毫升
姜 ………………… 15 克

做法

1. 姜切成细末备用。
2. 将所有材料混合拌匀
   至细砂糖溶化即可。

◀ 93 | 面酱汁

用途：浓稠的甜面酱制成的酱料，除了与烤鸭搭配食用外，也可与其他肉类搭配做成凉拌，此外还可以当做炒菜酱或烧烤类蘸酱。

材料

甜面酱 …………… 100 克
凉开水 …………… 30 毫升
细砂糖 …………… 30 克
香油 ……………… 40 毫升
蒜头 ……………… 30 克

做法

1. 蒜头磨成蒜泥备用。
2. 将所有材料混合拌匀即可。

94 | 白芝麻酱 ▶

用途：适合用来做凉拌青菜。

材料

白芝麻酱 ………… 2 大匙
白芝麻 …………… 适量
盐 ………………… 适量
白胡椒粉 ………… 适量
红辣椒 …………… 1/3 条
香菜 ……………… 1 根
开水 ……………… 1 大匙

做法

1. 将红辣椒、香菜都切成碎状备用。
2. 将做法 1 的材料和其余材料混合均匀即可。

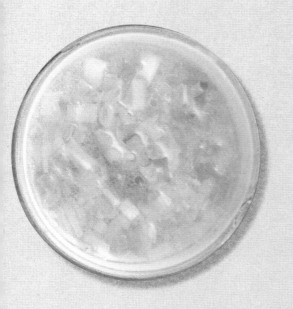

◄95 │香葱汁

用途：适合用来做凉拌青菜。

材料

葱	50 克
姜	15 克
盐	1/2 小匙
鸡粉	1/2 小匙
水	300 毫升
色拉油	2 大匙

做法

1. 葱、姜切细末备用。
2. 热锅，倒入色拉油烧热，先将细葱末、细姜末以小火炒香，再加入其他材料煮开即可。

96 │辣蚝酱►

用途：可以用来做凉拌青菜。

材料

蒜头	2 瓣
辣椒酱	1 大匙
蚝油	1 大匙
水	2 大匙
细砂糖	1 小匙
色拉油	2 大匙

做法

1. 蒜头切碎末备用。
2. 热锅，倒入色拉油烧热，先放蒜末及辣椒酱以小火炒约30秒，再加入蚝油、水及细砂糖煮开即可。

◄97 │蚝油青葱酱

用途：可以用来做凉拌青菜。

材料

葱碎	1 小匙
五味酱	3 大匙
蚝油	1 小匙

做法

将所有材料混合均匀即可。

98 醋味麻酱

用途：用来凉拌蔬菜、肉类、海鲜都很合适。

材料

白芝麻酱3大匙、凉开水
1大匙、鸡粉1小匙、乌
醋1大匙、香油1小匙、
葱碎1大匙

做法

将所有材料混合调匀
即可。

◄99 白醋酱

用途：可用来拌乌贼等海鲜。

材料

糯米醋	3大匙
细砂糖	1小匙
盐	适量
黑胡椒粉	适量

做法

将所有材料混合均匀，
至细砂糖完全溶化
即可。

100 酸辣汁

用途：可直接用来凉拌，也可腌渍，适合腥味重的内
脏或海鲜。

材料

白醋	1大匙
鲜味露	1大匙
蚝油	1小匙
辣油	1大匙
糖	适量

做法

将所有材料拌匀即可。

◀101 | 高汤淋酱

用途：可用于拌水煮青菜。

材料

高汤·················5大匙
鸡粉·················5大匙
糖···················1大匙

做法

将所有材料拌匀，放入锅中煮滚，等所有材料溶化入味即可。

102 | 苦瓜沙拉酱▶

用途：可作为凉拌苦瓜及其他蔬菜凉拌酱。若不喜欢花生粉的味道，也可以不加。

材料

蛋黄酱·········4~5大匙
番茄酱············1大匙
花生粉··············适量

做法

先放蛋黄酱，再加入番茄酱及花生粉调匀即可。

◀103 | 豌豆酱

用途：可用于拌生菜沙拉或作为水煮鸡肉蘸酱。

材料

豌豆仁··················1杯
沙拉酱···············3大匙
七味粉···············1小匙
鲜奶油············0.5大匙
盐···················1.5小匙
水······················2杯

做法

1. 先将豌豆仁洗净后，用水及盐加热煮熟后捞起沥干备用。
2. 将煮熟的豌豆仁与其他材料一起放入果汁机，搅拌均匀后即可食用。

104 | 辣油汁

用途： 除了作为凉拌酱，也适合与北方面食搭配使用，如包子、饼类都很适宜。

盐 15 克、鸡粉 5 克、辣椒粉 50 克、花椒粉 5 克、色拉油 120 毫升

1. 将辣椒粉与盐、鸡粉拌匀备用。
2. 锅中加色拉油烧热至约 150℃后，将油加入做法 1 的辣椒粉中，并迅速搅拌均匀。
3. 再加入花椒粉拌匀即可。

示范料理 麻辣耳丝

（材料）
A 猪耳 1 副、蒜苗 1 根、辣油汁 2 大匙
B 八角 2 粒、花椒 1 小匙、葱 1 根、姜 10 克、水 1500 毫升、盐 1 大匙

（做法）
1. 材料 B 混合煮至沸腾，放入猪耳以小火煮约 15 分钟，取出用冷开水冲洗至凉。
2. 将猪耳切斜薄片，再切细丝；蒜苗切细丝，备用。
3. 将猪耳丝及蒜苗丝放加入辣油汁拌匀即可。

中式酱料篇 热炒酱

105 | 麻婆酱

用途： 可用来做名菜"麻婆豆腐"，或用来炒菜也适合。

材料

辣豆瓣 ……………… 2 大匙
酱油 ……………… 1 大匙
水 ……………… 4 大匙
糖 ……………… 1 小匙
水淀粉 ……………… 4 大匙
香油 ……………… 1 大匙

做法

1. 油锅烧热，炒香辣豆瓣。
2. 加入酱油、水、糖拌匀。
3. 起锅前用水淀粉勾芡，最后加入香油拌匀即可。

示范料理 **麻婆豆腐**

（材料）
盒装嫩豆腐1盒、猪肉泥100克、葱2根

（调味料）
麻婆酱适量、水淀粉适量、香油适量

（做法）

1. 盒装嫩豆腐切丁；葱切葱花备用。
2. 热油锅，放入麻婆酱拌炒均匀，再放入嫩豆腐丁，以小火烧1分钟使其入味后，以水淀粉勾芡，起锅前滴少许香油，撒上葱花即可。

106 | 豆腐乳烧酱

用途： 可用来爆炒鱿鱼、墨鱼，也可用来作为水煮鱿鱼、墨鱼的蘸酱。

材料

味噌 ……………… 2 大匙
甜辣酱 ……………… 2 大匙
海山酱 ……………… 1 大匙
姜汁 ……………… 1 大匙
细砂糖 ……………… 1 大匙
热开水 ……………… 2 大匙
香油 ……………… 1 大匙

做法

1. 将细砂糖倒入热开水中搅拌至溶解。
2. 再加入其余材料调匀即可。

107 | 蚝油快炒酱

用途：可用于炒海鲜、肉类等，也可以加凉开水作淋酱用，比如淋在烫好的芥蓝上。

材料

蚝油	3 大匙
糖	1/3 大匙
香油	1/2 大匙
蒜末	1/2 大匙
葱	1 大匙
色拉油	1 大匙

做法

将所有材料放在一起搅拌均匀，即可成为快炒酱料。

108 | 蚝酱

用途：适合用于带壳类海鲜的料理。

材料

陈皮 2 片、蒜头 10 瓣、红葱头 8 颗、海鲜酱 5 大匙、芝麻酱 1 大匙、柱侯酱 2 大匙、高汤 50 毫升、色拉油 100 毫升

做法

1. 把陈皮泡开水 5 分钟后捞起并切碎，蒜头及红葱头切碎备用。
2. 取一锅加热至约 90℃，加入 100 毫升色拉油，以小火爆香蒜头末及红葱末后，再加入海鲜酱、芝麻酱及柱侯酱炒香。
3. 最后加入高汤及陈皮末煮开，续以小火煮约 3 分钟至浓稠即可。

示范料理 蚝酱炒蛤蜊

（材料）
蛤蜊 500 克、姜 20 克、红辣椒 2 个、蒜头 6 瓣、罗勒 20 克、葱适量

（调味料）
A 蚝酱 2 大匙、细砂糖 1/2 小匙、料理米酒 1 大匙
B 水淀粉 1 小匙、香油 1 小匙

（做法）
1. 将蛤蜊用清水洗净，罗勒挑去粗茎并用清水洗净沥干；姜切成丝状；蒜头、红辣椒切成片状，葱切成段状备用。
2. 取锅烧热后加入 1 大匙色拉油（材料外），先放入姜、蒜片、红辣椒片、葱段爆香，再将蛤蜊及所有调味料 A 放入锅中，转中火略炒匀，待煮开出水后偶而翻炒几下，炒至蛤蜊大部分开口后转大火炒至水分略干，最后用水淀粉勾芡，再放入罗勒及香油略炒几下即可。

109 | 宫保酱

用途：可用来做宫保鸡丁、宫保田鸡、宫保肉片等，是相当好用的炒酱。

材料

蚝油 3 大匙、乌醋 1 大匙、糖 1 大匙、白胡椒粉 1 小匙、酒 1 大匙、水 2 大匙、淀粉 1 小匙、香油适量

做法

将所有材料放入锅中，一起调匀煮开放凉即可。

示范料理 宫保鸡丁

（材料）

鸡胸肉 200 克、蒜头 3 瓣、葱 1 根、花生 20 克、干辣椒 10 克

（调味料）

宫保酱适量、淀粉 1 小匙、高汤 2 大匙

（做法）

1. 鸡胸肉洗净去骨；葱切段；蒜头切片，备用。
2. 热一锅，放入 300 毫升油（材料外）烧热至约 80℃，将鸡胸肉放入锅中炸熟后，捞起并沥干油备用。
3. 原锅中留些许油，再放入葱段、蒜片和干辣椒下锅爆香。
4. 加入鸡胸肉及宫保酱拌炒匀后，放入花生拌炒一下即可。

110 | 糖醋酱

用途：可做餐厅名菜"糖醋排骨"，或糖醋肉丸、鸡丁、墨鱼、鱼等，用途相当广泛。

材料

白醋 45 毫升、番茄酱 30 毫升、糖 60 克、水 45 毫升

做法

将全部材料混合拌匀即可。

酱料小常识

不同品牌的番茄酱会影响酱汁的酸甜度，所以做的时候建议可以边品尝酸度，边仔细调出符合自己的口味。

（材料）

小排骨 360 克、青辣椒 50 克、红甜椒 50 克、淀粉 5 克

（调味料）

A 鸡粉 1 克、盐 1 克、蛋液 5 克、米酒 3 毫升
B 水淀粉 10 毫升、糖醋酱适量

（做法）

1. 将小排骨剁成约 2 厘米见方的小块状，以调味料 A 腌约 5 分钟至入味；青辣椒、红甜椒切小块备用。
2. 将小排骨块均匀沾裹上淀粉，并用手捏紧防止淀粉脱落。
3. 热锅，倒入约 400 毫升色拉油（材料外），烧油热至 170℃时，放入排骨块以小火慢炸约 5 分钟，至表面呈现金黄色即可捞起沥干油脂。
4. 另取一平底锅，加入 15 毫升色拉油（材料外），放入青辣椒、红甜椒块略炒，加入糖醋酱，煮至酱汁滚沸后倒入水淀粉勾芡，最后加入小排骨一同拌炒均匀即可。

111 | 酸甜糖醋酱

用途：可用来做糖醋料理，但需加热过后才可使用。

材料

罐头菠萝片 100 克、罐头菠萝汁 250 毫升、糖醋酱底 250 毫升、白醋 400 毫升、细砂糖 400 克、盐 20 克

做法

罐头菠萝片切小丁，连同以上所有材料拌匀，煮至沸腾后关火，放凉过滤取酱汁即可。

糖醋酱底

材料：
菠萝 1/4 个、洋葱 1/2 颗、胡萝卜 1/2 根、芹菜 50 克、白话梅 5 粒、水 1000 毫升

做法：
菠萝、洋葱、胡萝卜、芹菜洗净去皮切小片，加水、白话梅一起煮至沸腾，改小火熬煮约 1 小时熄火，放凉过滤取酱汁即可。

112 | 醋熘鱼酱汁 ▶

用途：可用于做醋溜鱼等料理。

材料

A 番茄酱 ……………1/2 杯
　柠檬汁 …………………1 个
　糖 ……………………2 大匙
B 凉开水 …………………1 杯
　淀粉 …………………1 大匙
C 香油 …………………1 大匙

做法

1. 将材料 A 置于容器中，隔水加热至糖全部溶化。
2. 将材料 B 调溶化后，加入做法 1 的材料一起用小火熬煮到浓稠。要一边煮一边搅拌，以免烧焦。
3. 等酱汁熬煮到浓稠后，离火加入香油搅拌均匀即可。

◀ 113 | 高升排骨酱

用途：除了可以用来做高升排骨外，以类似三杯的做法烹煮鸡肉、墨鱼仔等也相当美味。

材料

酒 ………………………1 大匙
糖 ………………………2 大匙
乌醋 ……………………3 大匙
酱油 ……………………4 大匙
水 ………………………5 大匙

做法

将所有的材料熬煮到略成浓稠状即可。

注：高升排骨酱是因做法而得名，1 大匙酒、2 大匙糖、3 大匙醋、4 大匙酱油、5 大匙水，有一步一步逐渐高升的含义，故称之为高升排骨酱。

114 | 橙汁排骨酱 ▶

用途：可用来做橙汁排骨、橙汁鸡肉或橙汁鱼排等料理。

材料

A 水 6 大匙、盐 1 小匙、砂糖 3 大匙、橙汁 1/2 杯
B 洋葱 1/4 颗、红甜椒 1 个、西红柿 1/2 个、蒜仁 10 颗（切末）、菠萝 2 片（切丁）、香菜头 3 根
C 吉士粉适量、香油适量

做法

1. 将材料 B 炒香后加水煮 30 分钟，滤掉残渣，并将汤汁倒入材料 A 中。
2. 最后加入适量吉士粉及香油拌匀即可。

用途：可用于制作排骨、
鸡胸肉、铁老豆
腐、炒海鲜等料理。

材料

A 水1杯、糖3/4杯、
海山酱2大匙、乌醋
1大匙、白醋1大匙、
番茄酱1/3杯
B 洋葱末1/3个、红甜椒
末1/4个、西红柿末
1/4个、蒜末3颗、罐
头菠萝1片、香菜1
根（切碎）

做法

将材料B炒香后加水以
小火煮30分钟，再将材
料A加入拌匀即可。

示范料理 **京都排骨**

（材料）
小排骨300克、小苏打1
小匙、盐1小匙、鸡粉1
小匙、咖喱粉1大匙、蒜
泥1大匙、洋葱末1大匙、
京都排骨酱适量

（做法）
1. 小排骨洗净，沥干备用。
2. 将小排骨与其余所有材
   料一起拌匀腌30分钟
   左右。
3. 将腌好的排骨炸至金
   黄色，再加入京都排骨
   酱，炒匀即可盛盘。

116 | 鱼香酱 ▶

用途：可用于做鱼香肉丝、鱼香茄子、鱼香豆腐等料理。

材料

辣豆瓣酱1大匙、酱油1大匙、水4大匙、乌醋1大匙、糖1大匙、酒1大匙、淀粉2小匙、葱末1大匙、姜末1大匙、蒜末1小匙、油1大匙

做法

先将1大匙油下锅，等热锅后将所有材料倒入，拌炒至酱略成浓稠状即可。

◀ 117 | 蔬菜用三杯酱

用途：可用来做各式蔬菜的三杯料理。

材料

米酒1杯、肉桂粉1/4小匙、白糖1/2杯、酱油膏1杯、辣豆瓣1/2杯、甘草粉1小匙、鸡粉1大匙、西红柿汁2大匙、胡椒1小匙、乌醋1/4杯

做法

将以上材料一起混合、拌匀即可。

118 | 肉类用三杯酱 ▶

用途：可用来做三杯鸡、三杯肥肠等各式三杯的肉类料理。

材料

米酒1杯、桂枝5克、麦芽1/2杯、酱油1/2杯、辣椒粉1/2小匙、五香粉1/4小匙、香菇粉1大匙、西红柿汁1/4杯、胡椒2小匙、乌醋1/4杯

做法

1. 将米酒、桂枝和麦芽以中火煮到沸腾，然后熄火，放凉，并将桂枝去除。
2. 再加入其他材料，一起拌匀即可。

用途：鱼、肉、素食食材等皆可用此酱慢火炖烩。

材料

米酒1杯、桂皮5克、细冰糖1/2杯、蚝油1杯、辣椒酱1/2杯、咖喱粉1小匙、鸡粉1大匙、西红柿汁2大匙、胡椒1小匙、乌醋1/4杯

做法

1. 将米酒、桂皮和细冰糖，以中火煮到沸腾后放凉，捞除桂皮。
2. 再加入其他材料，一起拌匀即可。

示范料理 三杯田鸡

（材料）
田鸡2只、香油2大匙、姜4片、红辣椒1个、葱1/2根、炸过的蒜头6瓣、高汤1杯、罗勒适量

（调味料）
海鲜用三杯酱2大匙

（做法）
1. 田鸡洗净后，将爪的部分切除，然后切成块状；红辣椒、葱切段，备用。
2. 将田鸡块放入六分满约150℃的油锅内，以大火炸，直到油爆量变小，田鸡表面呈酥状，即可捞起。
3. 另热一锅放入香油，加入姜片，直到姜片成卷曲状，再放入辣椒段、葱段、蒜头，一起爆香。
4. 加入海鲜用三杯酱、高汤和田鸡块，以大火拌炒均匀至收汁，最后加入罗勒拌炒即可。

120 红烧酱

用途：鱼、肉、素食材料等慢火炖烩均可。

材料

酱油……………1.5 大匙
乌醋……………1 大匙
水………………3 大匙
糖………………1/2 大匙
香油……………1/3 大匙
葱末……………2 大匙
姜末……………1 大匙
酒………………1/3 大匙

做法

将所有材料混合调匀即可。

121 京酱

用途：吃起来相当顺口的京酱可以用于腌渍肉类或作烩酱。

材料

水 1 大匙、甜面酱 2 大匙、番茄酱 1 小匙、料酒 1/2 小匙、糖 1 小匙、淀粉 1/2 小匙

做法

将所有材料混合均匀即可。

示范料理 京酱炒肉丝

（材料）
肉丝 150 克、葱 5 根
（调味料）
A 酱油 1 小匙、嫩肉粉 1/4 小匙、淀粉 1 小匙、蛋清 1 小匙
B 京酱 3 大匙、香油 1 小匙

（做法）
1. 肉丝用材料 A 腌制约 10 分钟备用。
2. 葱切丝后用清水洗净，沥干装盘备用。
3. 热油锅，放腌好的肉丝，以小火炒散肉丝后开大火略炒。
4. 淋入京酱，并快速翻炒至匀，滴香油后即可起锅，放置在做法 2 葱丝上摆盘即可。

122 干烧酱

用途： 可用于干烧鱼块、虾仁或是鱼肉、螃蟹等海鲜。

米酒……………5 大匙
番茄酱……………1 瓶
醋………………1/3 瓶
辣椒酱……………4 大匙
糖………………8 大匙
盐………………1 小匙
鸡粉……………1 小匙
姜蓉……………1 大匙
蒜蓉……………1 大匙

（材料）

A 花蟹……………2 只
B 盐………………1 小匙
　鸡粉……………1 小匙
　淀粉……………1 大匙
C 葱末……………1 大匙
　红辣椒末……1 大匙
　蒜末……………1 大匙

（做法）

1. 花蟹洗净沥干，剁成 4 块。
2. 将花蟹与材料 B 一同拌匀后，炸至金黄色备用。
3. 起锅热油后爆香材料 C，加入干烧酱炒热即可。

123 爆香调味酱

用途： 可作为食物蘸酱或用来拌炒青菜肉片，平时可放冰箱冷藏备用。

 材料

葱………………2 根
蒜头……………5 瓣
蚝油……………1 大匙
香油……………1 小匙
红辣椒…………1 小匙
糖………………1.5 小匙
粗胡椒盐…………2 小匙

做法

1. 葱切成 1 厘米长的段，蒜头拍打成粗丁状，红辣椒可依个人喜好切成适当大小后，用热油炸成金黄略焦，不可炸得太焦黑。
2. 将所有材料拌匀即可使用。

124 |软煎肉排酱

用途：软煎鱼或者软煎猪肝，都可以用这道酱料。

材料

辣椒酱·················1/2 杯
酱油膏·················2 大匙
砂糖···················1 大匙
味醂···················1 大匙
香油···················1 大匙
高汤···················1/2 杯

做法

将所有材料拌匀即可。

◀125 |台式红烩海鲜酱

用途：将虾仁、干贝、墨鱼等海鲜切好后汆烫沥干，
再用台式红烩海鲜酱拌炒入味即可。

材料

辣椒酱·················1 大匙
番茄酱·················2 大匙
水····················3 大匙
米酒···················1 大匙
香油·················1/2 大匙
姜末···················1 大匙
葱末···················2 大匙

做法

1. 取锅，把除葱末之
   外的所有材料放入
   锅中调匀。
2. 开小火煮到沸腾即
   可关火，加入葱末
   拌匀即可。

126 |什锦烩酱

用途：可以拌炒青菜，也可以淋在饭（面）上，或做烩饭（面），
也可以夹入法国面包中食用，或是作为面包抹酱。

材料

什锦蔬菜适量、肉泥1/2
杯、洋葱丁2大匙、蘑
菇丁4朵、白胡椒粉1/2
小匙、盐1.5小匙、糖
适量、水2杯

勾芡材料

淀粉1大匙、水1.5大匙

做法

先把水加热，依序放
入肉泥、洋葱丁、蘑
菇丁、蔬菜等材料，
待材料煮熟后，再用
水淀粉勾芡即可。

◀127 | 马拉盏

用途：用来炒鱿鱼、炒菜、炒面、拌水煮青菜等都合适。

材料

虾膏	50 克
虾米	10 克
蒜头	40 克
红葱头	30 克
红辣椒	20 克
色拉油	250 毫升
细砂糖	1 小匙

做法

1. 虾米泡开水 5 分钟后沥干，与蒜头、红葱头、红辣椒一起剁碎备用。
2. 热油锅，将所有材料一起下锅，并用小火慢炒，炒到有香味出来时即可。

128 | 辣椒酱▶

用途：辣椒酱的用途十分广泛，不论是用来热炒、烧烤、炖煮等，或是当作一般调味料提味皆可。

材料

A 尖尾红辣椒	200 克
色拉油	80 毫升
蒜末	60 克
B 豆瓣酱	45 克
味噌	45 克
冰糖	20 克
白醋	20 毫升
盐	8 克
水	3 杯
C 淀粉	20 克
凉开水	80 毫升

做法

1. 将尖尾红辣椒剥去蒂头绞碎，放入锅内，加入色拉油、蒜末炒香。
2. 加入材料 B 以中小火同煮 7~8 分钟。
3. 最后加入混匀的材料 C 勾芡，熄火后待凉即可。

◀129 | 豆豉酱

用途：可用来热炒各式肉类、海鲜。

材料

豆豉 2 大匙、红葱头 2 粒、蒜头 2 颗、糖 1/4 小匙、色拉油 2 大匙

做法

1. 豆豉洗净剁碎；红葱头、蒜头剁碎备用。
2. 热油锅，放入干葱末及蒜末以小火略炒。
3. 倒入豆豉末及糖一起翻炒，炒至香味出来时即可。

◀130 | 麻辣汁

用途： 可用来炒螃蟹、海鲜等。此酱口味较重，若不喜欢味道太重，可以酌量减少豆瓣酱和蚝油的用量。

材料

酱油 1 大匙、高汤 1 大匙 、白醋 1/2 小匙、糖 1/4 小匙、味精 1/8 小匙、花椒粉 1/8 小匙、淀粉 1/4 小匙

做法

将所有材料混合均匀即可。

131 | 红烧鳗鱼酱▶

用途：可用来做红烧鳗鱼这道料理。

材料

A 当归 5 克、参须 25 克、米酒 600 毫升
B 酱油 3 小匙、香油适量

做法

1. 将当归、参须放入米酒中浸泡 2 天备用。
2. 将材料 B 煮至滚沸，再滴入数滴做法 1 完成的药酒即可。

◀132 | 梅汁酸甜酱

用途：可用来当做炒肉的酱汁、也可以用来腌肉。

调味料

黑糖酱油 1 大匙、紫苏梅 5 粒、盐 1 小匙、白胡椒粉 1 小匙

做法

将黑糖酱油、紫苏梅、盐、胡椒一起搅拌均匀即可。

133 | 洋葱汁▶

用途：可用来煎猪排、肉排等。

材料

洋葱 2 颗、色拉油 80 毫升、水 500 毫升、奶油 30 克、玉米粉水 2 小匙

调味料

蚝油 2 大匙、盐 1/4 小匙

做法

1. 将洋葱洗净后切成细丝状备用。
2. 取一锅，烧热后加入色拉油并转小火，放入洋葱丝慢炒至洋葱呈浅咖啡色，加水继续以小火煮约 20 分钟至洋葱软化。
3. 加入所有调味料拌匀，再加入玉米粉水勾芡，最后加入奶油一起搅拌均匀即可。

中式酱料篇 蒸煮酱

134 | 破布子酱

用途：可用来蒸鱼或肉类等食材。

材料

破布子 50 克（包含汁）、姜 10 克、蒜头 20 克、米酒 50 毫升、葱花适量

做法

1. 姜、蒜头切碎；破布子略捏破备用。
2. 将所有材料充分混合均匀，即为破布子酱。

示范料理 破布子蒸鱼

（材料）
破布子酱适量、尖吻鲈 1 尾（约 500 克）、葱花适量

（做法）
1. 尖吻鲈洗净后，从鱼背鳍与鱼头交界处纵切一刀，深至龙骨直划到鱼尾。
2. 煮一锅水，水滚后放入尖吻鲈，入锅汆烫约 5 秒后取出，放置蒸盘上。
3. 将破布子酱淋至尖吻鲈上，封上保鲜膜后，放入蒸笼以大火蒸约 15 分钟后取出，撕除保鲜膜，撒上葱花与香油（材料外）即可。

135 | 豆瓣蒸酱

用途：适合用来蒸海鲜或肉类等食材。

材料

辣豆瓣 …………… 150 克
蒜末 ……………… 20 克
姜末 ……………… 10 克
酒酿 ……………… 50 克
细砂糖 …………… 1 大匙
水 ………………… 30 毫升

做法

将所有材料混合均匀，即为豆瓣蒸酱。

136 | 黄豆蒸酱

用途：适合用来蒸海鲜等食材。

材料

黄豆酱 150 克、米酒 2 大匙、辣椒酱 1 大匙、细砂糖 1 大匙、姜 10 克

做法

1. 把姜切细末。
2. 将姜末与所有材料混合均匀，即为黄豆蒸酱。

137 | 蒜味蒸酱

用途：可用于蒸鱼、鲍鱼或虾类等海鲜。

材料

酱油 1 大匙、胡椒粉 1 小匙、蒜泥 2 大匙、米酒 1 大匙、鸡油 1 大匙、水淀粉 1 大匙、盐 1/2 小匙、糖 1 小匙、鸡粉 1 小匙、姜泥 1 大匙、水 3 大匙

做法

将所有材料混合煮匀即可。

138 | 清蒸淋汁

用途：用于清蒸各种海鲜、菜肴都较适合。

材料

香菇蒂 20 克、姜片 10 克、葱段 15 克、红辣椒 1 根、芹菜 20 克、香菜茎 5 克、水 300 毫升

调味料

鲜美露 2 大匙、蚝油 2 大匙、酱油 3 大匙、细砂糖 3 大匙、白胡椒粉 1/4 小匙

做法

1. 葱段、芹菜及红辣椒拍松放入汤锅中，加入其余材料以大火煮至滚沸，转至小火滚约 5 分钟后熄火，滤除葱段、芹菜及红辣椒等杂质，留下清汤备用。
2. 取做法 2 的清汤约 60 毫升，加入所有调味料调匀即可。

139 | 港式 XO 酱

用途： XO 酱的用途十分广泛，除了可以用来蒸肉，也可以用作热炒酱、拌面酱等。

 材料

虾米 160 克、金华火腿 480 克、干贝 240 克、虾皮 80 克、马友咸鱼 40 克、泰国辣椒 320 克、小辣椒 80 克、蒜头 320 克、红洋葱 160 克、香茅粉 40 克、辣椒粉 80 克、色拉油 320 毫升

调味料

鸡粉 40 克、糖 40 克、辣椒油 40 毫升

做法

1. 将金华火腿用清水洗净后切成片状。
2. 煮一锅水至滚沸，放入金华火腿汆烫约 10 分钟后捞起沥干水分，放凉后切成丝状备用。
3. 将虾米、虾皮用滚开水浸泡约 10 分钟后，捞起沥干水分，切碎备用。
4. 把干贝用凉开水浸泡约 20 分钟，再放入电锅中蒸 15 分钟，捞起沥干水分，待凉后撕成丝状备用。
5. 将马友咸鱼去骨切成细丝状备用。
6. 将泰国辣椒、小辣椒、蒜头、红洋葱等材料洗净切碎备用。
7. 取一锅加入 300 毫升色拉油以中火烧热至 120℃后，将虾米、虾皮碎、马友咸鱼丝以及泰国辣椒、小辣椒、红洋葱碎都下锅油炸约 10 分钟，过程中需不停地翻动以避免粘锅。
8. 再将蒜碎下锅，炸至蒜碎表面金黄，过程中需不停地翻动以避免粘锅。
9. 最后放入金华火腿丝、干贝丝与所有调味料下锅油炸约 5 分钟后熄火，过程中需不停地翻动以避免粘锅。
10. 最后加入香茅粉、辣椒粉，以及 20 毫升色拉油略为搅拌即完成。

示范料理 **XO 酱蒸鸡**

（材料）

去骨鸡腿肉 240 克、香菇 30 克、葱 10 克、姜 20 克、清水 100 毫升、热油 2 大匙

（调味料）

港式 XO 酱 2 小匙、蚝油 2 小匙、盐 1/2 小匙、糖 1/2 小匙、鸡粉 1/2 小匙、淀粉 2 小匙、香油少许、胡椒粉适量、米酒适量

（做法）

1. 香菇用冷水浸泡约 1 小时备用。
2. 将泡软后的香菇去梗并切成片状备用。
3. 将去骨鸡腿肉用清水洗净并切成块状备用。
4. 葱切段；姜切片，备用。
5. 将切好的鸡腿肉拌入所有调味料与 100 毫升清水，再加入香菇片与葱段、姜片后，放入电锅蒸约 12 分钟即可。
6. 起锅后再淋上热油即可。

140 蒜酥酱

用途：可作为蘸酱，蘸五花肉等肉类，或作蒸酱，适合蒸鱼虾类食物。

材料

蒜头酥50克、红辣椒末5克、酱油2大匙、蚝油3大匙、米酒20毫升、细砂糖1小匙、水45毫升

做法

将所有材料混合均匀，即为蒜酥酱。

示范料理 **香蒜蒸鱼**

（材料）
乌仔鱼1尾（约600克）、锡箔纸1张、蒜酥酱适量

（做法）
1. 乌仔鱼洗净后沥干水分，从鱼背鳍与鱼头交界处纵切一刀，深至龙骨直划到鱼尾。
2. 热一油锅，油烧热至约180℃，将乌仔鱼下锅，大火炸约2分钟至表面金黄酥脆后，捞出沥干油。
3. 将乌仔鱼置于锡箔纸上，淋上蒜酥酱，再将锡箔纸包好，放入蒸笼以大火蒸约20分钟后，取出打开锡箔纸即可。

141 | 腌冬瓜酱 ▶

用途：可用于蒸海鲜等食材。

 材料

咸冬瓜 ············· 200 克
鱼露 ············· 30 毫升
细砂糖 ············· 1 小匙
米酒 ············· 1 大匙
姜丝 ············· 5 克

 做法

将咸冬瓜切片后，与其他材料充分混合均匀，即为腌冬瓜酱。

◀ 142 | 苦瓜酱

用途：可用于蒸海鲜等食材。

材料

苦瓜 ············· 130 克
蒜末 ············· 20 克
红辣椒末 ············· 5 克
姜末 ············· 10 克
米酒 ············· 20 毫升
水 ············· 15 毫升
酱油膏 ············· 1 大匙

做法

将苦瓜切碎后，与其他材料充分混合均匀，即为苦瓜酱。

143 | 浏阳豆豉酱 ▶

用途：浏阳豆豉酱可以用来拌面、拌饭或是蒸排骨，风味极佳。

 材料

浏阳豆豉 1 碗、肉泥 1 碗、蒜末 1/2 碗、红辣椒适量（约 1/4 碗）、油 1/2 碗

 做法

1. 起油锅，将浏阳豆豉炸过，爆香捞起备用。
2. 利用原来的油锅将肉泥拌熟，接着加入蒜末爆香，再加入红辣椒微炒，最后将炸过的豆豉加入炒匀。
3. 如果油量过少，必须再加入更多的油，直到油可以淹过材料，继续加热至沸腾，即可熄火，放凉后才可以装瓶保存。

注：装瓶后放入冰箱冷藏，食用时取适量，想吃多少就拿出多少。

◀**144** | **蚝油蒸酱**

用途：用途很广，包括鱼虾贝类等多种海鲜都可以利用蚝油蒸酱来清蒸。

材料

蚝油·················1 大匙
酱油·················2 大匙
水 ················150 毫升
细砂糖···············1 大匙
白胡椒粉···········1/6 小匙

做法

将所有材料混合均匀，即为蚝油蒸酱。

---

145 | **豆豉蒸酱**▶

用途：口味偏重的豆豉蒸酱，搭配清淡的鲜鱼同蒸最合适，既开胃又下饭。

材料

A 豆豉 80 克、蒜末20 克、姜末 5 克、红辣椒末 5 克、红葱头末 10 克
B 酱油 1.5 大匙、细砂糖 1 小匙、米酒1 大匙、水 50 毫升

做法

1. 将豆豉洗净剁碎备用。
2. 取一炒锅，烧热后加入约 1 大匙色拉油（材料外），以小火爆香材料 A 中的姜末、蒜末、红辣椒末与红葱头末后，加入豆豉一起炒香。
3. 续加入其他材料 B，煮滚后即为豆豉蒸酱。

◀**146** | **蒜泥蒸酱**

用途：蒜泥正好可以去除海鲜的腥味，故可以与各种海鲜一起清蒸，除了去腥还可以提味。

材料

A 蒜泥 ·············50 克
B 色拉油···········2 大匙
  米酒·············1 小匙
  水···············1 大匙

做法

1. 取一锅，加入少许色拉油（分量外），待锅烧热至约 150℃后熄火。
2. 趁锅热时，将蒜泥入锅略炒香，再加入材料 B 混合拌匀，即为蒜泥蒸酱。

147 辣味噌蒸酱 ▶

用途：风味辛辣带有甘甜滋味，除了可以用来清蒸鲜鱼，用来蘸烫熟的肉片也不错。

材料

韩式辣酱…………50 克
味噌酱……………25 克
水………………40 毫升
米酒……………20 毫升
姜末……………20 克

做法

将所有材料混合均匀，即为辣味噌蒸酱。

◀148 腐乳蒸汁

用途：浓郁的豆香与海鲜一起清蒸，特别是鲜鱼，滋味非常特别。此外也可以用来淋烫熟的蔬菜。

材料

辣腐乳……………140 克
细砂糖……………1 大匙
米酒……………20 毫升
蚝油……………2 大匙
水………………50 毫升
姜末……………20 克
蒜末……………10 克

做法

将所有材料混合调匀，即为腐乳蒸汁。

149 豆酥酱 ▶

用途：适合与海鲜料理一起清蒸，除了常见的豆酥蒸鳕鱼之外，也适合拿来炒虾、蟹，好吃又美味。

材料

豆酥 100 克、香油 1 大匙、盐适量、葱 1/2 根、白胡椒粉适量、米酒 1 大匙、蒜头 3 瓣、红辣椒 1/2 个

做法

1. 将葱、蒜头、红辣椒都切成碎状备用。
2. 取一个炒锅，先加入一大匙色拉油（材料外），放入豆酥，以小火爆香。
3. 锅中续放入蒜头、葱、红辣椒，接着加入所有的调味料翻炒均匀，炒至香味释放出来后关火，即为豆酥备用。

150 | 素肉臊酱

用途：除适合与蔬食一同清蒸之外，与汆烫的海鲜味道也很搭配，甚至可以直接用来拌面饭，都非常可口。

材料

素肉 50 克、干香菇 3 朵、胡萝卜 10 克、豆干 2 片、香油 1 小匙、素蚝油 2 大匙、辣油少许、酱油 1 小匙、糖 1 小匙、盐适量、白胡椒粉适量

做法

1. 素肉与干香菇泡软再切成小丁状。
2. 胡萝卜、豆干切成小丁状备用。
3. 取一个炒锅，先加入一大匙色拉油（材料外），再加入做法 1、做法 2 的材料，以中火爆香，再放入其余的材料，翻炒均匀即可。

示范料理 **素肉臊酱蒸圆白菜**

（材料）
圆白菜 200 克

（调味料）
素肉臊酱适量

（做法）

1. 先将圆白菜剥成大块状，洗净备用。
2. 取一个深碗，先放入圆白菜，接着再将素肉臊酱放于圆白菜上面。
3. 用耐热保鲜膜将碗口封起来，再放入电锅中，于外锅加入一杯水，蒸约 15 分钟至熟即可。

示范料理 **镇江醋鱼**

（材料）
鱼 1 尾（约 500 克）、葱 1 根、姜 1 小块

（调味料）
镇江醋汁适量

（做法）

1. 鱼洗净；葱切段；姜切片，备用。
2. 煮一锅水（以能盖过整只鱼为准），煮至滚沸后放入做法 1 的所有材料，待水再煮沸时即将火调至最小。
3. 续煮约 12 分钟至材料熟后，即可将鱼捞起沥干，放置盘上。
4. 最后淋上适量镇江醋汁即可。

151 | 镇江醋汁

用途：酸酸甜甜的滋味与鲜鱼搭配风味绝佳，除此之外也可以用来当肉类料理的蘸酱。

材料

A 镇江醋 3 大匙、白醋 1 大匙、番茄酱 1 大匙、糖 4 大匙、盐 1/10 小匙、蒜末 1 小匙

B 淀粉 1 小匙、水 1.25 小匙

做法

1. 热油锅，先将蒜末略为炒香，再倒入其余材料 A 煮至滚。
2. 把材料 B 调匀成水淀粉，待做法 1 煮滚后，加入水淀粉勾芡即可。

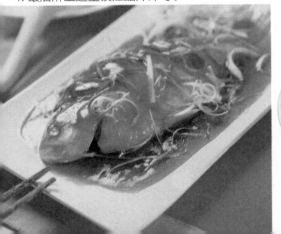

152 | 葱味酱 ▶

用途：适合用来煮禽肉类，如鸡肉、鸭肉、鹅肉。

 材料

红葱酱 …………… 1 大匙
葱 ………………… 1 根
香油 ……………… 1 大匙
盐 ………………… 适量
白胡椒粉 ………… 适量
酱油 ……………… 1 小匙

 做法

1. 葱洗净切成碎状备用。
2. 取一容器，放入做法1的葱碎和其他材料，搅拌均匀即可。

◀ 153 | 椒麻辣油汤

用途：可以用来煮肉类料理，如牛肉等。

材料

小黄瓜1条、白菜30克、香菜2棵、红辣椒1个、蒜头3瓣、姜5克、芹菜3棵、香油1大匙

调味料

干辣椒10个、花椒粒1小匙、辣油2大匙、酱油2大匙、米酒1大匙、辣豆瓣酱2大匙、细砂糖1小匙、盐适量、黑胡椒粉适量、水500毫升

做法

1. 将小黄瓜、白菜、芹菜洗净都切成小条状；红辣椒、蒜头切成片状；姜切成片状备用。
2. 起一个炒锅先加入1大匙香油，再放入做法1的所有材料以小火爆香。
3. 加入所有调味料以中火煮约15分钟，过滤取汁即可。

154 | 柳橙柠檬蒸汁 ▶

用途：适用于蒸鱼，如鳕鱼等海鲜。

 材料

A 鲜柳橙皮 ………… 15 克
　水淀粉 ……………… 1 大匙
　香油 ………………… 1 小匙
B 姜末 ………………… 5 克
　白醋 ………………… 1 小匙
　盐 ………………… 1/4 小匙
　细砂糖 ……………… 1 大匙
　柠檬汁 …………… 20 毫升
　柳橙汁 …………… 100 毫升
　水 ………………… 50 毫升

做法

1. 将鲜柳橙皮洗净，切去皮内白膜后，再将鲜柳橙皮切成细丝备用。
2. 取一锅，烧热后将所有材料B加入锅中，以小火煮滚后用水淀粉勾芡，淋上香油，再加入鲜柳橙丝搅拌均匀，即为柳橙柠檬蒸汁。

 ## ◀155 沙茶甜酱

用途：适用于各种炸物、清蒸料理。

材料

沙茶酱 ·············· 1 大匙
花生酱 ·············· 1 大匙
甜辣酱 ·············· 2 大匙
凉开水 ·············· 2 大匙

做法

将所有材料调匀即可。

 ## 156 梅子酱 ▶

用途：适用于蒸鱼（加州鲈鱼）等海鲜。

材料

紫苏梅 200 克、姜末 10 克、辣椒末 10 克、鱼露 20 毫升、绍兴酒 15 毫升、盐 1/2 小匙、细砂糖 1/2 小匙

做法

将紫苏梅一颗颗去籽后，把梅肉捏碎，加入其他材料混合均匀，即为梅子酱。

◀157 中药酒蒸汁

用途：适用于蒸鱼或鸡肉。

材料

当归 ·············· 5 克
枸杞子 ·············· 5 克
红枣 ·············· 5 颗
绍兴酒 ·············· 80 毫升
鱼露 ·············· 50 毫升
盐 ·············· 1/4 小匙
细砂糖 ·············· 1 小匙

做法

将当归剪成小块与其他材料混合拌匀，放置约 10 分钟使其入味，即为中药酒汁。

 ## 158 香糟蒸酱 ▶

用途：适用于蒸海鲜类食材。

材料

A 蒜末 20 克、姜末 15 克、辣椒酱 20 克
B 香糟 50 克、绍兴酒 1 大匙、细砂糖 1 大匙、水 50 毫升、蚝油 50 克

做法

热锅，加入 2 大匙色拉油（分量外）烧热，放入材料 A 略炒香，再加入材料 B 以小火炒匀，即为香糟蒸酱。

95

159 | 香辣卤水卤汁

用途：可用来制作一般卤味，如鸭血、牛筋、猪血糕等。

 卤包药材

草果2颗、八角10克、桂皮8克、沙姜15克、丁香5克、花椒5克、小茴香3克、罗汉果1/4颗、香叶3克

 卤汁材料

葱3根、姜20克、水1600毫升、酱油600毫升、料酒100毫升、细砂糖120克、粗辣椒粉20克

 做法

1. 将所有卤包药材装入棉质卤包袋中，再用棉线捆紧，即为香辣卤水卤包。
2. 取一个汤锅，将葱及姜拍松后放入锅中，加入水后开中火煮至水烧开。
3. 将酱油及料酒放入锅中一起煮，煮滚后再加入细砂糖、粗辣椒粉及香辣卤水卤包，转小火煮滚约5分钟至香味散发出来即可。

160 | 红烧卤汁

用途：除了可以用来煮猪脚面线外，还可以淋在米饭或是烫青菜上，或卤其他小菜，如笋丝、白菜等皆可。

 做法

红烧猪脚的汤汁即为红烧卤汁。

示范料理 红烧猪脚

（材料）

猪脚700克、八角2粒、姜片10克、葱段25克、蒜头25克、水1200毫升

（调味料）

酱油100毫升、绍兴酒30毫升、冰糖1大匙、五香粉适量

（做法）

1. 把猪脚洗净，放入滚水中汆烫约3分钟，捞出泡冰水待凉去毛，备用。
2. 热一炒锅，加入2大匙色拉油（材料外），放入姜片、蒜头、葱段、八角炒香，再放入猪脚炒约2分钟。
3. 加入酱油、绍兴酒、冰糖炒至上色，再加入水煮滚，盖上锅盖以小火煮约15分钟。
4. 打开锅盖，翻动锅中的猪脚后再盖上，以极小火焖煮约50分钟，最后打开锅盖转中火烧煮约10分钟，至用筷子可轻易戳入猪脚即完成。

161 | 冰镇卤汁

 卤包药材

草果 2 颗、豆蔻 2 颗、沙姜 10 克、小茴香 3 克、花椒 4 克、甘草 5 克、八角 5 克、丁香 2 克

 卤汁材料

葱 2 根、姜 50 克、蒜头 40 克、水 3000 毫升、酱油 800 毫升、白砂糖 200 克、米酒 50 毫升

 做法

1. 葱洗净，切段后以刀拍扁；姜洗净并去皮，切片后拍扁；蒜头洗净，去皮后拍扁备用。
2. 将草果及豆蔻拍碎后，与其他卤包材料一起放入棉布袋中包好。
3. 热锅，倒入约 3 大匙色拉油（材料外）烧热，放入做法 1 的材料以小火爆香，再加入其他卤汁材料与卤包以大火煮至滚沸，改小火续滚约 10 分钟至香味散发出来即可。

（材料）

肉鸡爪 600 克、冰镇卤汁 2000 毫升、香油 2 大匙

（做法）

1. 肉鸡爪洗净，剁去脚趾部分。
2. 取一深锅，倒入约 1/2 锅的水量煮至滚沸，放入肉鸡爪汆烫约 1 分钟，去血水即捞起。
3. 将肉鸡爪放入冷水中泡凉，捞起沥干水分。
4. 另取一深锅，倒入冰镇卤汁以大火煮至滚沸时，放入肉鸡爪以小火续滚约 5 分钟，熄火，加盖浸泡约 10 分钟至入味。
5. 将鸡爪捞出放在平底深盘中，均匀刷上薄薄一层香油，待凉后放入保鲜盒中，盖好放入冰箱冷藏至冰凉即可。

中式酱料　蒸煮酱

162 | 什锦卤汁

用途：可以用来卤各式卤味或是小菜等。

 卤包药材

草果 1 颗、小茴香 3 克、花椒 4 克、甘草 3 克、八角 5 克、丁香 2 克

 卤汁材料

葱 2 根、姜 50 克、水 1500 毫升、酱油 450 毫升、料酒 50 毫升、细砂糖 100 克

 做法

1. 将所有卤包药材装入棉质卤包袋中，再用棉线捆紧，即为什锦卤包。
2. 取一个汤锅，将葱及姜拍松后放入锅中，加入水后开中火煮至水烧开。
3. 加入酱油及料酒一起煮，煮滚后再加入细砂糖及什锦卤包，转小火煮滚约 5 分钟至香味散发出来即可。

调对酱料做什么都好吃

163 | 清炖卤汁

示范料理 **清炖猪脚**

用途：除了可以用来炖猪脚外，还可以煮馄饨汤，或加入面条与蔬菜，煮成什锦汤面等。

做法

清炖猪脚的汤汁即为清炖卤汁。

（材料）
猪脚900克、姜片15克、葱段15克、花椒粒1克、白胡椒粒1克、葱末适量、姜丝适量、水1500毫升

（调味料）
米酒30毫升、盐适量

（蘸酱材料）
酱油3大匙、糖1/2小匙、开水1大匙、辣椒末适量、蒜末适量、葱末适量

（做法）
1. 把猪脚洗净，放入滚水中汆烫约5分钟，捞出泡冰水至凉去毛，备用。
2. 取一砂锅，把猪脚、水、米酒、姜片、葱段、花椒粒、白胡椒粒放入一起煮至滚沸，转小火煮约80分钟，关火后焖约10分钟。
3. 将猪脚取出，去骨、切小块，放入已加了适量盐的做法2汤汁碗中，最后放上葱末与姜丝即可。
4. 把蘸酱材料全部混合均匀，与猪脚搭配食用。

164 | 素香卤汁

用途：专门设计给吃素的读者，可以用来卤豆干、素食等。

卤包药材
草果1颗、小茴3克、花椒4克、甘草3克、八角5克

卤汁材料
姜50克、香菇蒂50克、水1500毫升、酱油450毫升、糖100克

做法
1. 卤包材料全部放入卤包棉袋中，绑紧备用。
2. 姜拍松，与香菇蒂一起放入汤锅中，倒入水煮至滚沸，加入酱油。
3. 待再次滚沸，加入糖、卤包，改小火煮约20分钟至香味散发出来即可。

◀165 | 红曲卤汁

用途：可用来做溏心蛋或做各式卤味，如卤墨鱼丸、卤鹌鹑蛋等。

 卤包药材

草果2颗、八角10克、桂皮8克、沙姜15克、丁香5克、花椒5克、小茴香3克、陈皮8克、甘草15克

 卤汁材料

蒜头20克、姜20克、葱3根、红曲15克、水1600毫升、酱油500毫升、细砂糖120克、盐1大匙、米酒100毫升

 做法

1. 卤包材料全部放入卤包棉袋中，绑紧备用。
2. 葱、蒜头及姜拍松，与红曲一起加入汤锅中，倒入水煮至滚沸，加入酱油。
3. 待再次滚沸，加入细砂糖、盐、卤包，改小火煮约20分钟至香味散发出来，再倒入米酒即可。

166 | 麻辣卤汁 ▶

用途：可用来做麻辣鸭血、麻辣脆肠等小吃。

 卤包药材

八角7克、丁香4克、桂皮12克、川芎7克、香叶3克、甘草10克、白蔻5克、草果1颗

 卤汁材料

A 葱2根、姜30克、红葱头30克、蒜头20克、色拉油100毫升
B 辣椒酱200克、花椒20克、干辣椒40克
C 高汤1200毫升、酱油200毫升、糖4大匙

 做法

1. 葱、姜、蒜头及红葱头拍松略剁碎，备用。
2. 炒锅热锅倒入色拉油，开小火炒香做法1所有材料，炒至微焦黄时，加入辣椒酱继续用小火不停翻炒。
3. 待翻炒至有微微焦香味，加入花椒及干辣椒翻炒几下，再加入材料C和卤包，改大火煮至滚沸后，改小火煮约15分钟即可。

◀167 | 蒜香卤汁

用途：可用来卤各式卤味，如水晶饺等。

 卤包药材

草果2颗、沙姜10克、小茴香3克、花椒4克、甘草15克、八角5克、丁香2克

 卤汁材料

葱2根、姜50克、蒜头50克、水3000毫升、酱油1000毫升、细砂糖220克、米酒100毫升

 做法

1. 卤包材料全部放入卤包棉袋中，绑紧备用。
2. 葱、蒜头及姜拍松，放入锅中以小火爆香，倒入水煮至滚沸，加入酱油。
3. 待再次滚沸，加入细砂糖、卤包，改小火煮约20分钟至香味散发出来，再倒入米酒即可。

168 | 茶香卤汁

用途：适合用来制作卤肉类，如鸡翅、猪心等，卤过后再烟熏风味更佳。

卤包药材

草果1颗、八角5克、桂皮6克、香叶3克、甘草4克、沙姜6克、乌龙茶叶15克

卤汁材料

葱2根、姜20克、水1500毫升、酱油500毫升、细砂糖100克、绍兴酒100毫升

做法

1. 卤包药材全部放入卤包棉袋中，绑紧备用。
2. 葱、姜拍松放入锅中，倒入水煮至滚沸，加入酱油。
3. 待再次滚沸，加入糖、卤包，改小火煮约5分钟至香味散发出来，再倒入绍兴酒即可。

169 | 港式卤汁 ▶

用途：港式卤汁较甜，通常是以浸泡方式让食材入味，适合制作各式卤味。

卤包药材

草果2颗、八角10克、桂皮8克、沙姜15克、丁香5克、花椒5克、小茴香3克、甘草5克、香叶3克

卤汁材料

葱3根、姜20克、水1600毫升、酱油600毫升、料酒100毫升、白糖120克

做法

1. 将所有卤包药材装入棉质卤包袋中，再用棉线捆紧即为港式卤汁卤包。
2. 取一个深汤锅，将葱及姜以刀背拍松后，放入锅中，加入水以中火煮至水滚沸。
3. 倒入酱油及料酒，以中火继续煮至滚沸。
4. 加入白糖及港式卤汁卤包，随即转小火再煮滚约5分钟至香味散发出来即可。

◀ 170 | 药膳卤汁

用途：适合用来做药膳排骨、煮肉类、内脏等。

卤包药材

黄芪10克、当归8克、川芎5克、熟地5克、桂皮10克、甘草15克、陈皮5克

卤汁材料

姜20克、水1500毫升、酱油200毫升、盐1小匙、糖50克、绍兴酒100毫升

做法

1. 将所有卤包药材装入卤包棉袋中，绑紧备用。
2. 姜拍松放入汤锅中，倒入水煮至滚沸，加入酱油。
3. 待再次滚沸，加入糖、盐以及卤包，改小火煮至滚沸，续煮约5分钟至香味散发出来，再倒入绍兴酒即可。

171 | 焦糖卤汁 ▶

用途：适合用来做各式焦糖卤味，如焦糖鸡胗、焦糖米血等。

材料

A 八角10克、桂皮10克、草果2颗、花椒5克
B 红葱头40克、姜30克、蒜头40克

调味料

水2000毫升、焦糖酱色2大匙、细砂糖140克、盐1.5大匙

做法

1. 所有材料A放入卤包棉袋中，绑紧备用。
2. 红葱头、姜及蒜头拍松，放入锅中倒入适量油以小火爆香。
3. 将所有调味料和卤包倒入水煮至滚沸，改小火煮约20分钟即可。

◀172 | 红卤水

用途：因为卤出来的菜肴呈现红色，故称为红卤。适合用来卤海鲜，如墨鱼等，也适合卤肉类。

 卤包药材

草果2颗、八角10克、桂皮8克、沙姜15克、丁香5克、花椒5克、小茴香3克、甘草5克、香叶3克

 卤汁材料

葱3根、姜20克、水1600毫升、酱油600毫升、料酒100毫升、白糖120克、食用黄色5号色素1/4小匙

做法

1. 将所有卤包药材装入棉质卤包袋中，再用棉线捆紧，即为红卤水卤包。
2. 取一个汤锅，将葱及姜拍松后放入锅中，加入水后开中火煮至水烧开。
3. 加入酱油及料酒一起煮，煮滚后再加入白糖及红卤水卤包，转小火煮滚约5分钟至香味散发出来，再加入食用黄色5号色素拌匀即可。

173 | 潮式卤水▶

用途：适合拿来卤大肠或肥肠等较柔韧、较有弹性的食材。

卤包药材

草果2颗、八角10克、桂皮8克、沙姜15克、丁香、花椒各5克、小茴香、香叶各3克、陈皮8克、罗汉果1/4颗、香菜梗20克

卤汁材料

葱3根、姜20克、水1600毫升、酱油400毫升、蚝油100毫升、料酒100毫升、白糖120克、香菜梗20克、蒜头20克、盐1大匙

做法

1. 将所有卤包药材装入棉质卤包袋中，再用棉线捆紧，即为潮式卤水卤包。
2. 取一个汤锅，将葱及姜拍松后放入锅中，加入水后开中火煮至水烧开。
3. 加入酱油、蚝油及料酒一起煮，煮滚后再加入白糖、香菜茎、蒜头、盐及潮式卤水卤包，转小火煮滚约5分钟至香味散发出来即可。

174 | 猪脚卤汁

用途：可以用来做猪脚冻、卤猪脚等。

卤包药材

草果4颗、桂皮15克、八角10克、花椒10克、沙姜20克、甘草15克、香叶6克

卤汁材料

葱4根、姜100克、红辣椒7个、蒜头80克、水3200毫升、酱油600毫升、米酒400毫升、酱色25毫升、细砂糖200克、盐4大匙

做法

1. 葱、红辣椒均洗净，切段后拍扁；姜洗净并去皮，切片后拍扁；蒜头洗净，去皮后拍扁备用。
2. 卤包药材放入棉布袋中包好备用。
3. 将做法1放入汤锅中，加入水大火煮滚，再加入酱油、米酒和酱色再次煮滚，最后加入细砂糖、盐与卤包，改小火续滚约5分钟至香味散发出来即可。

175 | 烧酒鸡卤包

用途：可用来做烧酒鸡或运用在其他食材上。

卤包药材

当归 10 克、川芎 8 克、枸杞子 8 克、白芍 5 克、桂枝 5 克、红枣 8 颗

做法

将所有卤包药材装入棉质卤包袋中，再用棉线捆紧，即为烧酒鸡卤包。

示范料理 **烧酒鸡**

（材料）

鸡 1/2 只、葱 1 根、姜 10 片、烧酒鸡卤包 1 包、红枣 4 颗、黑枣 3 颗、枸杞子 15 克

（调味料）

米酒 1.5 瓶、香油 1 大匙、盐 1 小匙

（做法）

1. 将卤包、水 800 毫升（材料外）、红枣一起浸泡 30 分钟备用；葱洗净后切长段备用。
2. 鸡洗净剁成小块，在锅里放入葱段、姜 5 片，加水煮滚后，再放入鸡块，汆烫 2～3 分钟后取出，用冷水冲凉洗净，沥干水分备用。
3. 烧热锅，倒入香油，爆香姜片后，再把鸡块放入拌炒，加入米酒，再把做法 1 的卤汁倒入，加入黑枣、枸杞子，煮滚后转小火，煮约 30 分钟，再加入盐调味，即可起锅盛出食用。

176 | 荫瓜什锦酱

用途：可用来蒸肉泥或做肉丸子的调味酱。

 材料

荫瓜末 1/2 杯、蒜末 1 大匙、香油 1 大匙、细砂糖 1/2 大匙、葱末 1 大匙、红辣椒末 1/2 大匙

 做法

将所有材料一起拌匀，荫瓜末粗细可依个人喜好而定。

◀177 蒸鱼酱油

用途：可用于蒸鳕鱼、蒸豆腐或者蒸虾仁等用途。

 材料

酱油……………………1杯
细砂糖……………………3大匙
水……………………2杯
香菜……………………5根

 做法

将所有材料煮滚后沥出香菜，放凉即可。

178 蒸鱼梅子酱▶

用途：蒸海鲜类时加入锅中一起入味，也可当蘸酱使用。

 材料

紫苏梅6颗、梅子酱1大匙、酒1大匙、水2大匙、葱丝适量、姜丝适量、盐1小匙、香油1小匙

 做法

1. 将葱、姜洗净切丝备用。
2. 将酒、梅子酱、紫苏梅、盐、香油放在一起泡约15分钟，等味道融合后，再将葱丝、姜丝放入拌均匀即可使用。

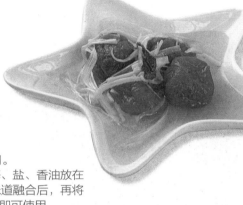

◀179 清蒸螃蟹、沙虾蘸酱

用途：可作为清蒸海鲜，如螃蟹、鱼或水煮虾的蘸酱。

 材料

姜末……………………1/2杯
醋……………………3/4杯
细砂糖……………………1/2杯
水……………………1/4杯
盐……………………适量

 做法

把醋、细砂糖、水和盐一起煮开至糖完全溶化，放入姜末继续煮开后熄火，放凉后装瓶冷藏，食用时取出即可。

180 中式卤牛排酱▶

用途：可用于卤牛肉、煮羊肉、炖牛腩或作为中式牛排腌料。

 材料

番茄酱……………………5大匙
A1酱……………………1大匙
鲜味露……………………1小匙
味酥……………………1小匙
细砂糖……………………1小匙
鸡粉……………………1小匙

 做法

所有材料一同煮沸即可。

181|菠萝米酱▶

用途：烹煮菠萝鸡、竹笋汤、苦瓜汤。

 材料

菠萝1/4个、粗米酱2杯、豆瓣2杯（或用豆腐乳酱泡制）

 做法

1. 将菠萝切块状，沥干水分，加入粗米酱、豆瓣腌泡3~6天入味才可使用（要放入冰箱冷藏）。
2. 也可用豆腐乳酱泡制，但豆腐乳要适量，如水分不足，可适量加冷开水腌泡，至盖过菠萝即可。

◀182|蜜番薯糖酱

用途：用于制作蜜番薯等点心。

材料

赤砂糖300克、麦芽膏60克、黑糖50克、白醋1大匙、水1.5杯

做法

将所有材料放入锅中，一边搅拌一边煮熟至滚沸即可。

183|糖葫芦酱▶

用途：用于制作糖葫芦等点心。

 材料

赤砂糖300克、麦芽膏60克、盐2克、水120毫升

 做法

将所有材料入锅煮滚至浓稠（呈牵丝状，糖温128~130℃），糖酱即煮制完成。

注：糖酱煮好时加入适量食用红色素轻轻摇匀，增色用。

◀184│鱼汤咖喱汁

用途：适合作海鲜类咖喱，稀释后加热可作咖喱汤。

材料

色拉油2大匙、红葱头碎20克、姜碎8克、蒜碎8克、红辣椒碎15克、米酒15毫升、圆白菜丁50克、鱼高汤600毫升

调味料

酱油15毫升、蚝油1/2小匙、辣豆瓣酱1/2小匙、咖喱粉2大匙、大茴香1/4小匙、白胡椒粉适量、糖适量、盐适量

做法

1. 热锅，以中小火用色拉油炒红葱头碎、姜碎、蒜碎、红辣椒碎炒香，加入酱油、蚝油、辣豆瓣酱、米酒炒煮约3分钟后，加入圆白菜丁拌炒约1分钟。
2. 加入咖喱粉、大茴香继续拌炒约2分钟后，加入鱼高汤续煮约10分钟，最后以白胡椒粉、糖、盐调味即可。

185│西红柿咖喱酱

用途：可用于肉类或蔬菜炒酱。

材料

A 番茄酱……………2大匙
　咖喱粉……………1大匙
　水…………… 240毫升
　盐…………………1小匙
　香油……………1/3大匙
B 淀粉……………1/3大匙
　水………………1大匙

做法

1. 将水煮沸后加入材料A，用小火煮至收干酱汁约成半杯量。
2. 加入材料B勾芡，不用太浓，适量即可。（不勾芡亦可）

◀186│油膏酱

用途：快炒店中最常使用的调味酱料之一，不论炒、蒸、烧、蘸都很适合，尝起来口味甘甜，而且可和任意海鲜、蔬菜或肉类搭配制作料理。

材料

蒜泥……………………100克
五香粉…………………1大匙
甘草粉…………………1大匙
辣椒粉…………………1小匙
酱油膏………… 400毫升
白糖……………………5大匙
米酒……………………50毫升
水………………………50毫升

做法

1. 热锅，加入适量色拉油（材料外），以小火爆香蒜泥。
2. 加入五香粉、甘草粉和辣椒粉略翻炒至香味溢出。
3. 续加入酱油膏、白糖、米酒和水煮至滚沸即可。

187 | 荫菠萝酱 ▶

用途：可用于蒸鱼，如虱目鱼等食材。

材料

咸菠萝酱·············200克
姜末···················15克
红辣椒末·············10克
细砂糖··············1小匙
米酒···················1大匙

做法

咸菠萝酱切碎，加入
其他材料混合均匀，
即为荫菠萝酱。

◀ 188 | 红曲蒸酱

用途：可用于蒸鱼，如加州鲈等食材。

材料

红曲酱·················60克
蒜头···················10克
姜······················5克
绍兴酒················1大匙
盐··················1/4小匙
细砂糖················1小匙

做法

姜、蒜头切碎，与
其他所有材料一起
混合均匀，即为红
曲蒸酱。

189 | 炖肉酱汁 ▶

用途：专用于电锅炖肉的酱汁，口味适中，浓
淡适宜。

材料

酱油··············30毫升
味醂··············30毫升
糖················30毫升
水···············210毫升

做法

所有材料混合均匀，
即为炖肉酱汁。

中式酱料篇 **烧烤酱**

190 烤肉酱

用途：可用于烧烤，或是作烹调炒菜的炒酱。

 材料

蒜头40克、酱油膏100克、五香粉1克、姜10克、凉开水20毫升、米酒20毫升、胡椒粉2克、细砂糖25克

 做法

将所有材料放入果汁机内打成泥即可。

示范料理 炭烤鸡排

（材料）

带骨鸡胸肉1/2块、地瓜粉2杯、烤肉酱适量、炸油适量

（调味料）

A 葱2根、姜10克、蒜头40克、水100毫升

B 五香粉1/4小匙、细砂糖1大匙、鸡粉1小匙、酱油膏1大匙、小苏打1/4小匙、米酒2大匙

（做法）

1. 鸡胸肉去骨去皮，从鸡胸肉侧面中间横剖到底，但不要切断，成一大片。
2. 将葱、姜、蒜头一起放入果汁机中，加入水打成汁，再用滤网将渣滤除。
3. 在做法2中加入所有调味料B，拌匀后成腌汁。
4. 将鸡排放入腌汁中，盖好后放入冰箱冷藏，腌约2小时。
5. 将腌好的鸡排取出，放入地瓜粉里用手掌按压让粉沾紧。
6. 鸡排翻至另一面，同样略按压后，拿起轻轻抖掉多余的粉，再静置约1分钟使粉回潮。
7. 热一锅油至180℃，放入鸡排，炸约2分钟至表面金黄起锅沥干油。
8. 用毛刷蘸烤肉酱涂至鸡排上，放至烤炉上烤至香味溢出后翻面再烤，续涂上一层烤肉酱，继续烤至略焦香后即可。

示范料理 蒜味鱿鱼

（材料）

鱿鱼……………………3尾
柠檬……………………1颗

（调味料）

蒜味烤肉酱 …………适量

（做法）

1. 鱿鱼洗净，从身体垂直剖开，清除内脏后，将鱿鱼摊平；柠檬切瓣，备用。
2. 将鱿鱼放入沸水中余烫约30秒，捞起以竹签串起。
3. 将鱿鱼平铺于网架上以中小火烤约12分钟，并涂上适量的蒜味烤肉酱。
4. 食用时，将柠檬瓣挤汁在鱿鱼上即可。

191 蒜味烤肉酱

用途：用作烧烤肉类调味蘸酱，或是烹调炒菜的炒酱。

 材料

酱油2大匙、蚝油2大匙、冰糖或麦芽糖2大匙、五香粉适量、胡椒粉1/4小匙、水3.5杯、料酒1大匙、蒜头12颗

 做法

1. 锅中放2大匙油（材料外），先将蒜头放入油锅中，炸至微黄时立即捞起。
2. 将其余材料放入原来的锅中烧开，再放入炸好的蒜头稍微熬煮至浓稠，就是很好的蒜味烤肉酱。

192 | 蜜汁烤肉酱

用途：可用于烧烤，或是作烹调炒
菜炒酱。

材料

甜面酱50克、红糟腐乳30克、洋
葱1/2颗、冷开水400毫升、酱油
100毫升、麦芽糖100克、砂糖60
克、油50毫升

做法

1. 洋葱去皮切末备用。
2. 热一锅，加入50毫升的油，将
   洋葱末入锅炒至金黄。
3. 加入甜面酱、红糟腐乳再炒约3
   分钟。
4. 最后加入冷开水、酱油、麦芽
   糖、砂糖继续煮约15分钟，过
   滤即可。

示范料理 **蜜汁梅花肉排**

（材料）

梅花肉 …………… 100克
吐司 …………………… 2片

（调味料）

蜜汁烤肉酱 ………… 适量

（做法）

1. 梅花肉洗净切成薄片备用。
2. 将梅花肉片平铺于网架上以
   中小火烤约10分钟，并涂
   上适量的蜜汁烤肉酱。
3. 取吐司放上梅花肉片食用
   即可。

193 | 蒜味沙茶烤肉酱

用途：蒜味沙茶烤肉酱是比较重口味的酱料，也可以
用于腌渍，和羊肉这种腥味比较重的肉类搭配
非常适合。

材料

蒜头 ………………… 100克
烤肉酱 …………… 100毫升
沙茶酱 …………… 1大匙
糖 ………………… 1小匙
黑胡椒粉(粗粒) …… 1小匙
酱油膏 ………… 200毫升
料理米酒 ………… 1大匙
水 ………………… 40毫升

做法

将所有材料放入果
汁机内打成酱汁
即可。

中式酱料 烧烤酱

194 | 五味烧肉酱

用途：可作为海鲜、腌肉烧烤酱，或做蘸酱。

 材料

西红柿300克、红辣椒80克、蒜头50克、葱2根、姜80克、细砂糖100克、盐8克、酱油10毫升、凉开水100毫升

 做法

1. 西红柿洗净，顶端划十字，放入滚水中氽烫1分钟后，捞起剥皮；红辣椒去蒂，蒜头、葱、姜切碎备用。
2. 将做法1的材料放入搅拌机或果汁机中，加入细砂糖、盐、酱油、凉开水，搅打成泥状即可。

195 | 炭烤玉米酱

用途：可用于烧烤蔬菜。

 材料

酱油膏6大匙、辣酱油3大匙、鸡粉1小匙、细砂糖2大匙、白胡椒粉1小匙、甘草粉1/2小匙、蒜末2大匙

 做法

将所有材料拌匀即可。

示范料理 **炭烤玉米**

(材料)

白玉米 ·················· 2支
炭烤玉米酱 ··········· 适量

(做法)

1. 白玉米去皮洗净，放入滚沸的水中氽烫至熟，备用。
2. 将白玉米放在炭火上，并均匀地刷上炭烤玉米酱烤匀即可。

注：烤玉米首选白玉米，独特的嚼劲能和酱料搭配出绝佳口感。

◀196│五香烤肉酱

用途：可作为烧烤酱和腌酱。

材料

酱油膏 ············· 300毫升
姜 ··················· 20克
蒜头 ················· 50克
糖 ·················· 1大匙
辣椒粉 ············· 1小匙
五香粉 ············· 1小匙

做法

1. 将蒜头、姜拍碎切末备用。
2. 取一大碗，加入所有材料混合均匀即可。

197│五香蜜汁酱▶

用途：可作为烧烤酱和腌酱。

材料

五香粉 ··············· 2克
麦芽糖 ··············· 100克
豆瓣酱 ··············· 40克
酱油膏 ··············· 50克
蒜泥 ················· 25克
水 ················· 30毫升

做法

1. 所有材料一起拌匀备用。
2. 热锅，倒入做法1的所有材料，以小火煮开后熄火，置于室温下放凉即可。

◀198│麻辣烤肉酱

用途：可作为烧烤酱和腌酱。

材料

辣豆瓣酱 ············· 2大匙
花椒粉 ············· 1/4小匙
孜然粉 ············· 1/4小匙
五香粉 ············· 1/4小匙
朝天椒粉 ············· 1/2小匙
蒜头 ················· 20克
酱油 ················· 1大匙
糖 ·················· 1小匙
料理米酒 ············· 1大匙
水 ·················· 1大匙

做法

1. 将蒜仁拍碎切末备用。
2. 取一大碗，加入所有材料混合均匀即可。

199 | 葱香烧肉酱 ▶

用途：可用于烧烤肉类。

材料

葱300克、水200毫升、酒20毫升、盐20克、鸡粉15克、砂糖10克、玉米粉15克

做法

1. 将葱切段，放入搅拌机或果汁机中加适量水，搅打成泥。
2. 玉米粉加水20毫升（材料外）调匀备用。
3. 将葱泥放入锅内以中火煮开，加入酒、盐、鸡粉、砂糖调味，最后放入玉米粉水勾芡即可。

◀ 200 | 洋葱烤肉酱

用途：可用于烧烤肉类或海鲜，也可当一般调味料，用于热炒。

材料

红葱酥	15克
洋葱	20克
蒜头	25克
酱油膏	80克
五香粉	1/2小匙
细砂糖	12克
凉开水	30毫升

做法

1. 洋葱洗净去皮，切小块备用。
2. 将洋葱块及其余材料一起放入果汁机内打成泥状即可。

201 | 芝麻烤肉酱 ▶

用途：可用于烧烤各式食材。

材料

芝麻酱	35克
细砂糖	15克
蚝油	40克
蒜泥	30克
凉开水	80毫升

做法

1. 所有材料一起拌匀备用。
2. 热锅，倒入做法1的所有材料，以小火煮开后熄火，置于室温下放凉即可。

◀202│京式烤肉酱

用途：可用于烧烤肉类，或作为热炒酱。

材料		做法
甜面酱	50克	将所有材料一起放入
红葱头	15克	果汁机内打成泥状
米酒	20克	即可。
细砂糖	25克	
辣椒酱	10克	
水	20毫升	

203│咖喱花生酱▶

用途：味道类似沙嗲酱，可用来烤肉串。

材料		做法
咖喱粉	15克	1. 洋葱洗净去皮，切小块备用。
花生酱	50克	2. 将洋葱块及其余材料一起放入果汁机内打成咖喱花生泥备用。
辣椒粉	2克	3. 热锅，倒入咖喱花生泥，以小火煮开后熄火，置于室温下放凉即可。
蒜泥	40克	
洋葱	30克	
细砂糖	15克	
盐	5克	
水	110毫升	

◀204│辣橘酱

用途：可用来烧烤海鲜，或做蘸酱，蘸食肉类。

材料		做法
橘子酱	80克	1. 姜洗净切小块，备用。
辣椒酱	50克	2. 将姜块及其余材料一起放入果汁机内打成泥状即可。
酱油膏	45克	
姜	15克	
细砂糖	50克	

205 | 姜味甜辣酱 ▶

用途：可作为烧烤酱或蘸酱。

材料

姜……………………40克
海山酱………………60克
辣椒酱………………15克
细砂糖………………20克
酱油…………………20克
水……………………20克

做法

1. 姜洗净切小块，备用。
2. 将姜块及其余材料一起放入果汁机内打成泥状即可。

◀ 206 | B.B.Q.烤肉酱

用途：可用于各式烧烤的材料上。

材料

番茄酱2大匙、法式芥末酱1/2大匙、海鲜酱1大匙、乌醋1大匙、橄榄油1/2大匙、辣椒酱1/3大匙、洋葱碎末1/4杯、蒜末1大匙、黑胡椒1/2小匙、糖2大匙、盐适量

做法

将所有材料混合、充分调匀即可。

207 | 叉烧烤肉酱 ▶

用途：可作为烧烤酱或一般蘸酱，以及用于炒青菜的调味上。

材料

酱油1/2碗、砂糖1/2碗、香油1小匙、蚝油1大匙、酒3大匙、水1/2杯、五香粉1/2小匙、蒜末1大匙、红色素适量（可以不加）、葱2~3根、姜数片（需拍扁）

做法

1. 将所有材料混合、搅拌均匀，接着用小火将所有材料煮至融化入味，呈浓稠状后即可熄火。
2. 放凉后将葱、姜片捞起，就是很实用的叉烧烤肉酱。

◀208│鱼排烧烤酱

用途：可用于烧烤鱼排，类似味噌鱼烧烤酱。

材料

味噌·····················1/2杯
味酥·····················1大匙
米酒·····················1大匙
鸡粉·····················1/2小匙
砂糖·····················1大匙
柠檬汁·····················1/2颗

做法

将所有材料溶化拌匀即可。

209│香辣烧肉酱▶

用途：除了可用于烧烤肉类外，也可烤甜不辣等鱼浆类制品。

材料

虾米·····················100克
红葱头·····················150克
细辣椒粉·····················20克
香蒜粉·····················10克
酱油·····················50毫升
糖·····················50克
鸡粉·····················12克
油·····················30毫升
水·····················350毫升
玉米粉·····················15克

做法

1. 虾米泡软，红葱头去皮，放入果汁机，加水打成酱泥。
2. 起一油锅，放入做法1的酱泥、细辣椒粉、香蒜粉、酱油、糖、油，煮滚后加入玉米粉勾芡即可。

◀210│葱烤酱

用途：可以当做烤肉酱，也可以当做一般酱料蘸着吃或炒青菜用。

材料

酒·····················1大匙
酱油·····················2大匙
蚝油·····················2大匙
冰糖·····················2大匙
番茄酱·····················2大匙
葱段·····················1/2杯
水·····················1杯

做法

起油锅，将所有调味料下锅烧开后稍微熬煮至浓稠，就是很香的葱烤酱。

211 蛋黄烧烤酱

用途：除了用于烧烤，还可用于蘸、炒、卤、拌、腌等烹调手法，去腥提味。

 材料

生蛋黄 ·················· 2个
烧烤酱 ·················· 2大匙

 做法

将所有材料放入碗中调匀成烤酱即可。

示范料理 **沙茶孜然烤牛肉**

212 孜然烧烤酱

用途：可用于烧烤肉类，特别是牛肉、羊肉等有膻味的肉类。

 材料

烧烤酱 ·················· 3大匙
孜然粉 ·················· 1大匙
米酒 ·················· 1大匙

 做法

将所有材料放入碗中调匀成烤酱即可。

（材料）

无骨牛小排200克、口蘑3个、红甜椒3片、黄甜椒3片、孜然烧烤酱适量

（做法）

1. 无骨牛小排洗净切成四方块，口蘑洗净去蒂，红甜椒、黄甜椒洗净去蒂及籽后切方片备用。
2. 将做法1的材料间隔串成数串备用。
3. 将肉串放入烤架上，四面均匀抹上孜然烧烤酱，再重复抹酱并翻烤约2分钟，即可食用。

中式酱料篇 **腌酱**

中式酱料篇 **腌酱**

213 | 红糟酱

用途: 除可用于腌猪肉外,用来腌鸡肉、鸭肉、鸡脚、鸡心等也很合适。

 材料

长糯米600克、红曲150克、白麴3克、凉开水600毫升

 调味料

米酒100毫升、盐3大匙、白砂糖1/2大匙

 做法

1. 取一电锅内锅,将长糯米洗净,加入450毫升的水(分量外),放入电锅中,外锅加入1杯水(分量外),按下开关煮至开关跳起。
2. 取出煮好的糯米饭、挖松,倒入平盘中摊平散热,放凉备用。
3. 将白麴切碎、按压成粉末状,取3克备用。
4. 取一钢盆,装入红曲与白麴粉,再倒入600毫升的凉开水搅拌均匀。
5. 加入放凉的糯米饭搅拌均匀,再加入米酒拌匀,放置浸泡约10分钟,待糯米饭上色后,装入玻璃瓶中,盖上瓶盖密封,放在阴凉处保存。
6. 待放置约第7天时,打开瓶盖搅拌均匀,再次盖上盖子,密封保存至约第15天时,再过滤出汁液(此即为红露酒),并将渣加入盐与白砂糖搅拌均匀,此即为红糟酱,可冷藏保存约1年。

示范料理 **红糟肉**

(材料)

五花肉600克、姜末5克、蒜末5克、红糟酱100克、蛋黄1颗、地瓜粉适量、小黄瓜片适量

(调味料)

酱油1小匙、盐适量、米酒1小匙、糖1小匙、胡椒粉适量、五香粉适量

(做法)

1. 五花肉洗净、沥干水分,与姜末、蒜末、所有调味料拌匀,再用红糟酱抹匀五花肉表面,即为红糟肉。
2. 将红糟肉封上保鲜膜,放入冰箱中,冷藏约24小时,待入味备用。
3. 取出红糟肉,撕去保鲜膜,用手将肉表面多余的红糟酱刮除,再与蛋黄拌匀,接着均匀沾裹上地瓜粉,放置约5分钟,待吸收汁液备用。
4. 热油锅,待油温烧热至约150℃时,放入红糟肉,用小火慢慢炸,炸至快熟时,转大火略炸逼出油分,再捞起沥干油。
5. 待凉后,将红糟肉切片,食用时搭配小黄瓜片增味即可。

214 | 咕咾肉腌酱

用途：可用于腌渍咕咾肉。

材料

小苏打粉…………1/2小匙
嫩肉粉……………1/2小匙
香蒜粉……………1/2小匙
淀粉………………1/4小匙
细砂糖……………1/4小匙
盐…………………1/2小匙
鸡蛋………………1个

做法

将所有材料混合拌匀后，即为咕咾肉腌酱。

示范料理 **咕咾肉**

（材料）
梅花肉……………300克
咕咾肉腌酱………适量
菠萝丁………………5克
淀粉…………………适量

（调味料）
白醋………………3大匙
细砂糖……………2大匙
西红柿汁…………1大匙
料理米酒…………1大匙

（做法）
1. 梅花肉洗净并切片状备用。
2. 将梅花肉片放入咕咾肉腌酱内腌约10分钟备用。
3. 将梅花肉片均匀地沾裹上淀粉，备用。
4. 热一锅，放入约800毫升油（材料外），待油烧热至80℃后，将梅花肉片放入锅中炸熟，捞出沥干油分备用。
5. 锅中留下些许油，将所有调味料放入锅中煮匀后，再将梅花肉片及菠萝丁放入锅中拌匀即可。

215 | 中式猪排腌酱

用途：可以当作烤肉腌酱，也可以当做一般酱料蘸着吃或炒青菜用。

材料

盐…………………1/2小匙
细砂糖……………1/2小匙
料理米酒…………1大匙
水…………………100毫升
嫩肉粉……………1/2小匙
香蒜粉……………1/2小匙
香油………………1大匙
淀粉………………1大匙
姜片………………适量
葱段………………适量

做法

将所有材料拌匀后，即为中式猪排腌酱。

216 | 卤排骨腌酱

用途：可用于腌肉或排骨等。

材料

葱1根、姜片2片、八角1粒、酱油1大匙、细砂糖1小匙、料理米酒1大匙、淀粉1大匙、水1000毫升

做法

将所有材料混合均匀即为卤排骨腌酱。

217 | 五香腐乳腌酱▶

用途：可用于腌鸡排、鸡翅等肉类。

材料

红糟腐乳……………60克
五香粉………………2克
蚝油…………………20克
蒜头…………………30克
细砂糖………………15克
米酒…………………10克

做法

将所有材料一起放入果汁机内打成泥即可。

218 | 五香腌酱

用途：可用来腌肉或腌鸡排等。

材料

鸡蛋1颗、盐1小匙、细砂糖1/2小匙、五香粉1小匙、白胡椒粉1/2小匙、淀粉1小匙、酱油1/2小匙、料理米酒1大匙

做法

将所有材料混合均匀即为五香腌酱。

219 | 腐乳腌酱▶

用途：可用于腌鸡排、鸡翅等肉类。

材料

红腐乳60克、料理米酒10毫升、糖1小匙、鸡粉1/2小匙、蚝油1大匙、姜末5克、小苏打1/4小匙、水50毫升、蒜末20克

做法

将所有材料放入果汁机内搅打约30秒混合均匀即可。

220 | 姜汁腌酱

用途：可用于腌鱼排，如旗鱼排等。

 材料

姜汁·····················1大匙
米酒·····················1小匙
糖·························1小匙
葱泥·····················1大匙
蒜末····················1/4大匙

 做法

将所有材料混合均
匀即可。

示范料理 **梅汁炸鲜虾**

221 | 梅汁腌酱

用途：用来腌海鲜类或肉类皆可。

 材料

紫苏梅酱··············1大匙
米酒·····················1/2小匙

 做法

将紫苏梅酱与米酒混合均匀即可。

(材料)

草虾·····················8只
鸡蛋·····················1个
面粉·····················2大匙
白芝麻···············2大匙
梅汁腌酱···············适量

(做法)

1. 草虾去头及壳，保留尾巴，洗净备用。
2. 将草虾用梅汁腌酱腌约5分钟备用。
3. 鸡蛋与面粉拌匀成面糊，将草虾均匀沾裹上面糊。
4. 再将草虾均匀沾上白芝麻。
5. 热锅，倒入稍多的油（材料外），待油温加热至150℃，放入草虾，以中火炸至表面金黄且熟即可。

222 芝麻腌酱

用途：可用于腌鱼，如喜相逢鱼等。

材料

芝麻酱 ……………1大匙
米酒 ………………1小匙
味醂 ………………2大匙
酱油 ………………1小匙
姜汁 ………………1小匙

做法

将所有的材料混合均匀即为芝麻腌酱。

示范料理 **酥炸芝麻喜相逢**

（材料）

喜相逢鱼 …………200克
地瓜粉 ……………1大匙
生菜叶 ……………适量
芝麻腌酱 …………适量

（做法）

1. 将喜相逢鱼去腮后加入芝麻腌酱，腌约10分钟备用。
2. 加入地瓜粉拌匀备用。
3. 热锅，倒入稍多的油（材料外），待油温热至约150℃，将喜相逢鱼一尾一尾放入锅中炸熟至表面金黄。
4. 取出喜相逢鱼沥干油，放在铺有生菜叶的盘中即可。

223 葱味腌酱

用途：可用于腌鱼，如白鲳鱼等。

材料

葱末 ………………1大匙
酱油 ………………1小匙
糖 …………………1/4小匙
姜泥 ………………1/4小匙
米酒 ………………1/4小匙
番茄酱 ……………1大匙

做法

将所有食材混合均匀即为葱味腌酱。

224 熏鱼片腌酱

用途：可用于作烟熏鱼类时的腌酱。

 材料

茶叶汁……………………2大匙
米酒………………………1大匙
红糖………………………1大匙
酱油……………………1/2大匙
番茄酱……………………1大匙

做法

将所有的材料混合均匀即
为熏鱼片腌酱。

225 金橘腌酱

用途：适合用来腌肉或腌排骨。

材料

金橘汁……………………2大匙
糖…………………………1小匙
盐………………………1/4小匙

 做法

将所有的材料混合均匀即为金橘
腌酱。

示范料理 金橘排骨

(材料)

排骨…………………400克
洋葱片………………20克
皇帝豆………………20克
胡萝卜片………………2克
高汤…………………300毫升
金橘腌酱………………适量

(做法)

1. 排骨洗净，加入金橘腌酱腌约10分钟备用。
2. 将皇帝豆与胡萝卜片分别放入沸水中烫熟，捞起沥干备用。
3. 将排骨与金橘腌酱一起加入高汤，以小火熬煮约20分钟至熟。
4. 最后再加入洋葱片及皇帝豆、胡萝卜片拌匀即可。

226|香柠腌酱

用途：柠檬可以去腥提味，适用于腌肉或腌海鲜。

材料

柠檬⋯⋯⋯⋯⋯⋯⋯1颗
糖⋯⋯⋯⋯⋯⋯⋯⋯1小匙
盐⋯⋯⋯⋯⋯⋯⋯1/4小匙
小苏打⋯⋯⋯⋯⋯1/4小匙
水⋯⋯⋯⋯⋯⋯⋯30毫升
料理米酒⋯⋯⋯⋯⋯1大匙

做法

1. 柠檬压汁备用。
2. 将其余材料放入果汁机内搅打30秒，再与柠檬汁混合即为香柠腌酱。

示范料理 **香柠鸡排**

(材料)
鸡胸肉⋯⋯⋯⋯⋯⋯ 1/2块
香柠腌酱⋯⋯⋯⋯⋯适量
炸鸡排粉⋯⋯⋯⋯⋯100克
胡椒盐⋯⋯⋯⋯⋯⋯适量

(做法)
1. 鸡胸肉洗净后去皮、去骨，横剖到底成一片蝴蝶状的肉片（不要切断），备用。
2. 将鸡排放入香柠腌酱腌渍约30分钟后，捞起、沥干。
3. 取出鸡排，以按压的方式均匀沾裹炸鸡排粉备用。
4. 热油锅，待油温烧热至150℃时放入鸡排炸约2分钟，至鸡排表皮酥脆且呈金黄色时，捞起沥油。
5. 食用前均匀撒上胡椒盐即可。

227|橙汁腌酱

用途：适用于腌肉或腌海鲜。

材料

柳橙汁⋯⋯⋯⋯⋯⋯2大匙
橄榄油⋯⋯⋯⋯⋯⋯1大匙
蒜末⋯⋯⋯⋯⋯⋯⋯1小匙
白酒⋯⋯⋯⋯⋯⋯⋯1大匙
盐⋯⋯⋯⋯⋯⋯⋯1/4小匙

做法

将所有材料混合均匀即可。

228 | 脆麻炸香鱼腌酱

用途：可用于腌鳕鱼或者腌草鱼。

材料

南乳……………1/2小块
面粉………………1小匙
砂糖………………1大匙
香油………………1小匙
胡椒粉 ……………1小匙
麻辣辣椒酱………300克
小苏打……………1小匙
水…………………2大匙

做法

1. 将南乳用适量水调成糊状。
2. 小苏打加入水调匀备用。
3. 接着将其他材料拌匀，然后加入做法1和做法2准备好的材料拌匀即可。

注：所谓南乳即我们常见的红腐乳，是用红曲发酵而成。

229 | 西红柿柠檬腌酱

用途：可用于腌海鲜类。

材料

盐…………………1/4小匙
西红柿末……………2大匙
橄榄油……………1小匙
蒜末………………1/4小匙
柠檬汁……………1大匙
香菜末……………1/4小匙
黑胡椒末…………1/4小匙

做法

将所有材料混合均匀即为西红柿柠檬腌酱。

示范料理 **西红柿柠檬鲜虾**

（材料）

鲜虾………………300克
西红柿柠檬腌酱 ……适量
香菜………………适量

（做法）

1. 将鲜虾的背部划开但不切断，洗净。
2. 将虾加入西红柿柠檬虾腌酱腌约10分钟备用。
3. 热锅，倒入适量的油（材料外），放入虾及西红柿柠檬虾腌酱，以大火炒至虾熟透。
4. 将虾盛盘，再搭配香菜即可。

◀230|酸甜汁

用途：适合腌渍墨鱼、鸭舌、鸡肫等腥味较重的食材。

材料

醋	150毫升
水	50毫升
盐	1小匙
糖	100克

做法

将所有材料一起煮，至糖完全溶化后放凉即可。

注：可依菜色添加适量的姜丝。

231|香葱米酒酱▶

用途：可用于腌渍鲜虾等海鲜。

材料

米酒	100毫升
盐	适量
白胡椒粉	适量
姜	5克
红辣椒	1个
葱	1根

做法

1. 将姜、红辣椒、葱都切成段状备用。
2. 将做法1的材料和其余材料混合均匀即可。

◀232|咸酱油

用途：可用于腌蚬、牡蛎等海鲜。

材料

蒜头3颗、姜7克、红辣椒1根、酱油3大匙、细砂糖1大匙、鸡粉1小匙、香油1大匙、凉开水3大匙

做法

1. 蒜头切片，再将姜切丝，红辣椒切片备用。
2. 将做法1的材料加入其余材料混匀即可。

233 蒜味腌肉酱

用途：适合腌渍羊肉这种腥味比较重的肉类。将肉用此酱汁腌入味，烤熟后直接食用就不必再涂其他酱汁。

 材料

蒜头100克、烤肉酱100毫升、沙茶酱1大匙、细砂糖1小匙、黑胡椒粉(粒)1小匙、酱油膏200毫升、料理米酒1大匙、水40毫升

 做法

将所有材料放入果汁机打成酱汁即可。

234 台式 沙茶腌酱

用途：适合用于烤海鲜或口味浓郁的食材，除了烧烤之外，用来当火锅蘸酱或热炒酱料也都非常合适。

材料

沙茶酱……………60克
蒜头………………30克
酱油膏……………50克
细砂糖……………20克
米酒………………15毫升
黑胡椒粉……………3克

做法

1. 蒜头剁成泥状备用。
2. 将剩余所有材料与蒜泥混合拌匀即可。

示范料理 沙茶羊小排

（材料）

羊小排………………4块
台式沙茶腌酱………适量

（做法）

1. 羊小排洗净沥干，以台式沙茶腌酱腌4小时以上备用。
2. 将腌好的羊小排平铺在网架上以中小火烤约8分钟，并适时翻面让两面都呈稍微焦香状态即可。

◀235│香蒜汁

用途：适用于腌炸物、烧烤肉类。

 材料

蒜头·················200克
红葱头················50克
凉开水···············200毫升

调味料

盐·····················1.5小匙
糖·····················1小匙
米酒···················50毫升

做法

将蒜头、红葱头加凉开水一起放入果汁机中打成汁，再加入所有调味料调匀即可。

236│五香汁▶

用途：适合用于腌烤、炸肉类。

 材料

A 葱1根、姜50克、香菜10克、蒜头10克、水300毫升
B 八角4粒、花椒5克、桂皮12克、小茴5克、丁香5克

 调味料

盐1小匙、酱油1小匙、糖1大匙、米酒50毫升

 做法

1. 将所有材料B的药材洗净后，浸泡在300毫升水中约20分钟。
2. 取一锅，将做法1的药材连同水一起放入锅中，以小火煮约15分钟后熄火过滤放凉。
3. 将材料A的姜、葱、香菜、蒜头用刀拍烂后，加入做法2的药汁，再一起放入果汁机打汁并过滤。
4. 最后加入所有调味料拌匀即可。

◀237│麻辣腌汁

用途：适用于腌渍油炸肉类。

 材料

姜80克、葱2根、蒜头50克、水200毫升、花椒30克

 调味料

细红椒粉1大匙、酱油1大匙、盐1小匙、糖2大匙

 做法

1. 将姜、葱、蒜头加水一起用果汁机打成汁后，倒出过滤去渣。
2. 起一锅，将花椒粒用干锅以小火炒2分钟，再用果汁机打成粉。
3. 将做法1与做法2的材料混合，加入所有调味料拌匀即可。

238 味噌腌酱 ▶

用途：可作为烧烤腌酱，味道上接近日式口味，烧烤后食物不需再蘸酱就很美味。

材料

味噌300克、砂糖100克、酱油60毫升、米酒20毫升、姜末40克、甘草粉3克

做法

1. 将所有腌料搅拌均匀。
2. 将拌匀的酱料放置冰箱冷藏，使用时再取出即可。

◀ 239 菠萝腌肉酱

用途：适合作为烤肉腌酱用，味道不浓，烧烤后的食物可另外涂酱或蘸酱食用。

材料

菠萝	50克
酱油	25克
洋葱	20克
姜	5克
细砂糖	20克

做法

1. 姜洗净切小块；菠萝去皮去心，切块备用。
2. 将姜块、菠萝块及其余材料一起放入果汁机内打成泥即可。

240 辣虾腌酱 ▶

用途：适烧烤海鲜或肉类，味道接近东南亚风味。

材料 做法

虾酱	20克
辣椒酱	60克
香茅粉	2克
蒜泥	30克
细砂糖	10克
米酒	15毫升

将所有材料一起拌匀即可。

◀241|柱侯蒜味腌酱

用途：常用来作为中式烤叉烧、烤排骨的腌酱。

材料

柱侯酱 ············ 60克
蒜末 ············· 35克
姜汁 ············· 10克
细砂糖 ············ 15克
米酒 ············· 10毫升
水 ············· 25毫升

做法

将所有材料一起拌匀即可。

242|辣味芥末腌酱▶

用途：可用来腌渍肉类，腌完后可烤可炸。

材料

盐 ················ 1/4小匙
糖 ················ 1/2小匙
蒜末 ·············· 1/2小匙
米酒 ·············· 1大匙
橄榄油 ············ 1/2小匙
辣椒末 ············ 1/2小匙
黄芥末酱 ·········· 1大匙

做法

将所有材料混合均匀即可。

◀243|黄豆腌酱

用途：可用来腌渍海鲜或肉类，腌完后可烧烤。

材料

黄豆酱 ············ 50克
酱油膏 ············ 60克
蒜头 ············· 30克
姜 ··············· 10克
细砂糖 ············ 15克
米酒 ············· 10毫升

做法

将所有材料一起放入果汁机内打匀即可。

244 | 野香腌酱

用途：最适合肉串类，腌过直接烤不需蘸酱就很美味。

材料

胡荽粉 …… 1/4小匙
丁香粉 …… 1/6小匙
香芹粉 …… 1/2小匙
黑胡椒 …… 1克
蒜头 …… 12克
酱油 …… 30毫升
细砂糖 …… 12克

做法

将所有材料一起放入果汁机内打成泥即可。

245 | 茴香腌肉酱

用途：适合烧烤肉类，羊肉更适合。

材料

茴香 …… 7克
姜汁 …… 10克
酱油膏 …… 60克
辣椒粉 …… 3克
蒜泥 …… 25克
细砂糖 …… 10克
米酒 …… 15毫升

做法

将所有材料拌匀后即可。

示范料理 茴香烤猪排

(材料)
猪里脊 …… 200克

(调味料)
茴香腌肉酱 …… 40毫升

(做法)
1. 猪里脊洗净，切成厚约1厘米的猪里脊排2片，备用。
2. 将猪里脊排放入碗中，加入茴香腌肉酱抓拌均匀，腌渍约20分钟。
3. 备好烤肉架，将猪里脊排平铺于网架上，不断翻面至猪里脊排烤熟即可。

中式酱料篇 拌饭拌面酱

煮出好吃面条的秘诀

面条 怎么煮

面条要好吃就一定要有弹性、有嚼劲，除了下面时机是一大重点外，煮面条的锅具也要特别注意。一般来说，煮面条以不锈钢器具为主，最好不要使用铁锅或铝锅，因为这两种锅具会影面条的弹性和颜色。

切记要用大量的水并以松散的方式将面下锅，通常水量以体积而言，要约为面量的10倍，并在水滚的中间过程再加冷水，煮好后立刻将面捞起过冷水并摇晃数下降温，如此一来便能使面条有弹性。但一般煮薄面与煮厚面时加冷水的次数与时间有所不同。

煮薄面时：

以意面为例，须等水煮开后再放入面条，而且等水滚后再加入1/2碗冷水，如此再煮约1分钟后捞起过冷水即可。如果煮太久面就容易糊掉且无嚼劲。

煮厚面时：

以宽拉面或刀削面为例，也是要等锅中的水滚开后再放入面条，而且每次水开后须再加入1/2碗冷水，如此反复此动作2~3次，再过一下冷水，就能煮出爽滑带劲有口感的面条了。

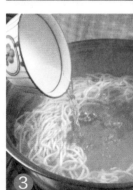

246 | 卤肉淋汁

用途： 除了用来拌饭拌面外，还可以卤蛋或是海带豆干等卤味。

 材料

猪五花肉600克、红葱末60克、蒜末10克、猪油50克、高汤1000毫升

 调味料

A 白胡椒粉1/4小匙、五香粉适量、肉桂粉适量
B 酱油80毫升、米酒50毫升、冰糖15克
C 酱油膏50毫升

 做法

1. 猪五花肉洗净沥干，切小丁备用。
2. 热锅倒入猪油，加入红葱末、蒜末，以中火爆香至呈金黄色后捞出备用。
3. 原锅中放入猪五花肉丁，炒至肉丁颜色变白，加入所有调味料A炒香，再加入所有调味料B拌炒入味。
4. 将所有做法3倒入砂锅中，加入高汤，煮开后转小火，盖上锅盖炖煮约1小时。
5. 加入红葱酥、蒜酥和酱油膏，再续煮约15分钟即可。

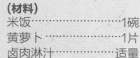

示范料理 **卤肉饭**

(材料)

米饭·····················1碗
黄萝卜···················1片
卤肉淋汁·················适量

(做法)

取一碗米饭，淋上卤肉汁，放上黄萝卜片即可。

 卤肉饭这样更好吃！

制作卤肉饭淋汁时，建议选用肥瘦相间的猪五花肉（又称三层肉），记得挑选肥瘦比例约2:3的肉块，最能提供卤肉需要的油脂，正因为肥瘦适中，在炖卤过程中才能把刚刚好的油脂融入汤汁中，让瘦肉部分吸收，显现恰到好处的油而不腻。

247 鸡肉饭淋汁

用途：用于拌饭、烤鸡肉、煮汤都适合。

 材料

A 鸡油3大匙、八角2
粒、姜片2片
B 红葱头酥1大匙、盐
1大匙、糖1大匙、
酒2大匙、淡色酱油
2大匙、高汤3杯、
胡椒粉1/3小匙

 做法

用鸡油将其他材
料A炒香，再放
入材料B以小火
一起煮滚，即为
鸡肉饭淋汁。

示范料理 鸡肉饭

（材料）

鸡胸肉……………………1片
腌黄萝卜…………2~3片
香菜………………………适量

（做法）

1. 将鸡胸肉加入淋酱中续煮
   至肉熟透后熄火，浸泡约
   10分钟再捞起待凉。
2. 将鸡胸肉用手剥丝，铺在米
   饭上，淋上适量酱汁，配上
   黄萝卜片和香菜即可。

示范料理 控肉饭

（材料）

米饭1碗、笋丝适量、控肉1片
（制作卤汁时可得）、控肉淋汁
适量

（做法）

取一碗米饭，放上笋丝、控肉，
最后淋上控肉卤汁即可。

248 焢肉淋汁

用途：用于拌饭、烤鸡肉、煮汤都适合。

 材料

A 猪五花肉900克、水500毫升
B 葱段15克、姜3片、蒜头5颗
C 桂皮10克、八角2个

调味料

酱油150毫升、盐1/2小匙、
冰糖10克、米酒2大匙、五
香粉适量、白胡椒粉适量

做法

1. 猪五花肉洗净切大片，备用。
2. 热锅倒入3大匙色拉油（材料
   外），放入猪五花肉片，以中
   火将表面煎成微焦状取出；
   在锅内放入所有材料B爆香至微
   焦状，再放入所有材料C炒香。
3. 再放入猪五花肉片，加入所有调
   味料拌炒均匀，倒入水煮开。
4. 将做法3移入砂锅中，煮开后盖
   上锅盖，转小火煮约90分钟，
   最后再焖约10分钟即可。

249 担仔面肉臊酱 ▶

用途：可用于制作卤肉饭、拌烫青菜、拌饭、拌面
等等。在煮好的米粉汤上也可淋此酱。

材料

五花肉泥300克、蒜末
1大匙、油葱酥1碗、蒜
头酥2大匙、高粱酒3大
匙、酱油1碗、水2碗、冰
糖2小匙、白胡椒粉1小
匙、五香粉1/4小匙、鸡
粉2小匙

做法

1. 起油锅，将蒜末炒香，再加入五花肉
泥继续炒散。
2. 加入酱油、冰糖及高粱酒后继续炒煮片
刻，接着放入油葱酥和蒜头酥一起炒至水
分收干并释出香味。
3. 加入适量水（以盖过肉为准），接着将五香粉、
鸡粉及白胡椒粉放入，并以小火煮约20分钟。

◀ 250 一般干面酱

用途：可用于拌面或烫青菜，都比较适合。

材料

猪油或香油 …………1小匙
乌醋 ……………………1小匙
酱油 ……………………1小匙
鸡粉 ……………………适量
香油 ……………………适量
葱花 ……………………1大匙

做法

将所有材料搅拌均匀
即可；若是用油面，
可撒些油葱酥，增加
油面滑润的口感。口
味比较重的话，可以
再加上1/2小匙的甜
辣酱，味道更好。

251 萝卜干辣肉酱 ▶

用途：可用于拌饭、拌面或放入汤面中调味。

材料

肉泥200克、萝卜干
100克、蒜末10克、红
辣椒末10克

调味料

辣豆瓣酱1大匙、辣椒
酱1大匙、盐适量、糖
1/2小匙、鸡粉适量、米
酒1大匙

做法

1. 萝卜干洗净，用清水泡5
分钟去除咸味，捞起切丁
备用。
2. 热锅，放入萝卜干丁炒干
取出。
3. 热锅，倒入适量油（材料
外），放入蒜末爆香后，
加入红辣椒末和肉泥炒至
油亮。
4. 续放入萝卜干丁和所有调
味料炒香即可。

252 | 豆干炸酱

用途：可用于拌干面。

 材料

红葱头10克、五花肉丁150克、葱1根、毛豆20克、胡萝卜20克、豆干1块

 调味料

豆瓣酱2小匙、甜面酱1小匙、水200毫升、细砂糖1小匙、水淀粉1/4小匙(淀粉：水＝1:1.5)

做法

1. 将切好的红葱头细末用10毫升色拉油（材料外）爆香，并炒至颜色变为金黄色。
2. 再加入五花肉丁炒至肉质略微出油。
3. 依序放入切好的葱段、毛豆、胡萝卜丁及豆干丁，炒约3分钟后，加入豆瓣酱及甜面酱一起炒至上述所有材料都均匀上色。
4. 再加入水和细砂糖翻炒10分钟。
5. 最后淋上水淀粉勾芡略炒即可。

示范料理 炸酱面

(材料)
拉面⋯⋯⋯⋯⋯150克
水⋯⋯⋯⋯⋯3000毫升
色拉油⋯⋯⋯⋯10毫升

(调味料)
盐⋯⋯⋯⋯⋯1/2小匙
豆干炸酱⋯⋯⋯⋯适量

(做法)
1. 取一汤锅，放入水3000毫升，滚开后，先加入1/2小匙的盐再放入拉面煮3分钟后，水滚第一次加入1/2碗水，再过15秒钟后水第二次小滚再加入1/2碗水，等到第三次水小滚后即可熄火，将拉面捞起盛入碗中。
2. 将炸酱淋在拉面上即可。

139

253│臊子酱

用途：可用于拌干面，即为有名的"臊子面"，也可用于拌水煮青菜。

 材料

肉泥100克、洋葱80克、西红柿120克、高汤100毫升

调味料

盐1/4小匙、糖1/4小匙、番茄酱1大匙

做法

1. 洋葱切小丁；西红柿放入滚水中汆烫，捞起去皮切丁备用。
2. 热锅，倒入适量油（材料外），加入洋葱丁爆香，再放入肉泥炒至变色后，加入西红柿丁拌炒，加入高汤。
3. 加入调味料拌炒均匀即可。

254│傻瓜面淋酱

用途：可用于干拌面，即为有名的"福州傻瓜面"。

 材料

A酱油3大匙、乌醋1.5大匙、糖1/2大匙、辣椒粉适量、辣油适量

B猪油1大匙、葱花2大匙、香菜末适量

 做法

1. 将材料A拌匀成什锦酱汁备用。
2. 食用时将什锦酱汁与材料B一起拌入面中即可。

示范料理 **福州傻瓜面**

（材料）

阳春面	90克
葱花	8克
傻瓜面淋酱	适量

（调味料）

| 猪油 | 1大匙 |
| 盐 | 1/6小匙 |

（做法）

1. 将猪油倒入碗内，备用（这个做法是为之后加入煮好的面条作准备，以增加拌面时的润滑度）。
2. 将盐与猪油一起拌匀，备用。
3. 将阳春面放入滚水中，用筷子搅动使面条散开，以小火煮1~2分钟后捞起，将水分稍微沥干，备用。
4. 将煮好的面装入做法2的碗中，加入葱花、傻瓜面淋酱，由下而上将面与调味料一起拌匀即可。

255 | 榨菜肉酱

用途：可用于拌面、拌饭或拌水煮青菜。

 材料

榨菜100克、肉泥200克、蒜末10克、水50毫升

 调味料

淡酱油1/2大匙、盐适量、糖1/2小匙、鸡粉适量、米酒1大匙、胡椒粉适量

 做法

1. 榨菜洗净沥干，切碎末备用。
2. 热锅，倒入适量油（材料外），放入蒜末爆香，加入肉泥炒至变色。
3. 续加入所有调味料拌炒均匀，再放入榨菜末和水拌炒至入味即可。

示范料理　榨菜肉酱拌面

（材料）

宽阳春面	120克
葱花	适量
粗花生粉	适量
榨菜肉酱	适量

（做法）

1. 煮一锅滚水，放入宽阳春面煮至水再次滚沸，待熟后捞起盛入碗中。
2. 将榨菜肉酱加入宽阳春面上，再撒上葱花和粗花生粉即可。

示范料理　切仔面

（材料）

油面	200克
韭菜段	20克
豆芽菜	20克
熟瘦肉	150克
高汤	300毫升
油葱酥	适量

（调味料）

盐	1/4小匙
鸡粉	少许
胡椒粉	少许

（做法）

1. 韭菜洗净、切段；豆芽菜去根部洗净，把韭菜段、豆芽菜放入滚水中汆烫至熟捞出；熟瘦肉切片，备用。
2. 把油面放入滚水中汆烫一下，捞起沥干放入碗中，加入韭菜段、豆芽菜与熟瘦肉片。
3. 把高汤煮滚后，加入所有调味料拌匀，倒入面碗中，再加入油葱酥即可。

256 | 油葱酥

用途：可用于拌面、炒面或搭配水煮青菜增加风味。

 材料

红葱头100克、猪油200克

做法

1. 将红葱头剥去枯皮后切成细末状。
2. 取锅加入猪油，将油锅烧热至约80℃左右。
3. 将红葱头分次且少量地加入锅中，避免一次下太多油（会溢出锅外），然后转中火，以锅铲不停搅拌红葱头以免炸焦。
4. 红葱头炸至颜色开始变黄即转小火，炸至略黄即可捞起，沥干油后，将炸好的红葱头平摊放凉，待凉后再与刚滤开的炒红葱油一同混合即可。

257 | 蚝油干面酱

用途: 可用于拌干面或水煮青菜。

材料

蚝油	1小匙
乌醋	1小匙
酱油	1小匙
鸡粉	适量
香油	适量
葱花	1大匙

做法

将所有调味料搅拌均匀即可。若是用油面,可撒些油葱酥,增加油面滑润的口感。口味如果比较重的话,可以再加上1/2小匙的甜辣酱,味道会更好。

258 | XO酱

用途: 可用于拌面、拌饭、夹面包,或当作一般调味料与其他菜肴一起烹炒。

材料

干贝150克、虾米150克、蒜末150克、蚝油2大匙、朝天椒100~200克、壶底油精1瓶、米酒1瓶、橄榄油1000毫升

做法

1. 将干贝和虾米各用1/2瓶酒浸一夜,沥干后将干贝剥丝备用。
2. 朝天椒切成1~2厘米长段备用。
3. 起油锅,用适量油将干贝丝炒至金黄色,再放入虾米拌炒。
4. 继续加入蒜末、朝天椒一起炒,再倒入壶底油精和蚝油一起拌炒,最后将橄榄油倒入直到淹过所有材料,煮至滚开起泡,即可熄火。
5. 酱料须放至全凉才可装瓶放入冰箱冷藏。

示范料理 XO酱捞面

(材料)

广东面	2把
葱	10克
姜	20克
叉烧肉	80克
青菜	适量
水淀粉	1小匙

(调味料)

XO酱	2小匙
蚝油	2小匙
酱油	1大匙
米酒	适量

(做法)

1. 葱及姜切成丝状;青菜洗净;叉烧肉切片,备用。
2. 将广东面入滚水中煮约2分钟,待熟后取出沥干备用。
3. 将所有调味料调匀后,倒入锅中以小火煮滚。
4. 再加入葱丝、姜丝、叉烧肉片略为拌炒,起锅前加入水淀粉勾芡,再淋在煮好的面上。
5. 将青菜入滚水中烫熟后,与面一起拌匀即可。

259 | 红油酱

用途: 可用于拌面、抄手或当一般调味料与其他菜肴一起烹炒。

 材料

花椒粒15克、辣椒粒15克、辣椒粉适量

 调味料

酱油5大匙、糖1大匙、白醋1大匙、凉开水3大匙

 做法

1. 热锅，倒入适量油，放入花椒粒以小火炒香后放入辣椒酱炒香，先关火再倒入辣椒粉拌匀，过滤出其中的辣椒末，留下红油备用。
2. 调味料全部混合拌匀，再加入做法1的红油拌匀即可。

示范料理 **红油炒手**

(材料)

馄饨皮50克、肉泥100克、葱末适量、姜末适量、红油酱适量、水1大匙、葱花适量

(调味料)

盐适量、糖适量、米酒适量

(做法)

1. 肉泥、葱末、姜末混合，用刀剁碎后，加入所有调味料和水搅拌均匀，放置10分钟至入味。
2. 取一片馄饨皮，包入适量的做法1馅料，重复此做法至馅料用完为止。
3. 煮一锅滚水，放入包好的馄饨煮熟后，捞起沥干盛入碗中，淋上红油酱，再撒上葱花即可。

示范料理 **海鲜炒面**

(材料)

油面250克、圆白菜丝100克、胡萝卜丝20克、鲷鱼片30克、鱿鱼30克、虾仁40克、猪肉丝40克、葱2根

(调味料)

水150毫升、酱油2大匙、细砂糖1小匙、白胡椒粉1/2小匙、蒜辣炒面淋酱2大匙

(做法)

1. 鱿鱼切片；葱切段，备用。
2. 热锅，倒入适量色拉油，放入葱段和鱿鱼片、鲷鱼片、虾仁、猪肉丝，以中火拌炒至猪肉丝颜色变白，加入圆白菜丝、胡萝卜丝以及水，续煮至汤汁滚沸。
3. 加入酱油、细砂糖、白胡椒粉调匀，再放入油面翻炒至汤汁收干，食用前淋上蒜辣炒面淋酱拌匀即可。

260 | 蒜辣炒面淋酱

用途: 可用于炒面或当一般调味料与其他菜肴一起烹炒。

材料

蒜末1大匙、番茄酱1大匙、BB辣椒酱2大匙、乌醋1大匙、细砂糖2大匙、热开水1大匙、香油1小匙

 做法

1. 将细砂糖倒入热开水中搅拌至溶解。
2. 再加入其余材料调匀即可。

261 红油南乳酱 ▶

用途：此酱为中国风味的拌面酱，蘸火锅肉片也适合。

材料

辣椒油·················2大匙
南乳（红腐乳）··· 1.5小块
蚝油·················2大匙
糖·················2大匙
葱花·················1大匙

做法

将所有材料混合搅拌均匀即完成，至于辛辣程度可依个人喜好而调整。

◀ 262 海山味噌酱

用途：可用来拌面，吃完面将碗里面剩下的酱料淋上热腾腾的高汤，喝下去就像甜不辣汤一样，非常过瘾。

材料

海山酱·················3大匙
味噌·················1大匙
酱油膏·················1大匙
香油·················1大匙
糖·················1大匙
凉开水·················1/3杯
葱花·················适量

做法

将所有材料混合搅拌均匀，至糖完全溶化即可。

263 沙茶辣酱 ▶

用途：可用来拌面或当作一般调味料与其他菜肴一起烹炒。

材料

蒜末2大匙、红辣椒末1/2小匙、胡萝卜丁1/2杯、洋葱丁2/3杯

调味料

沙茶酱1/3杯、酱油2大匙、米酒2大匙、水5杯

做法

用2大匙油（材料外）炒香所有材料，再加入沙茶酱略炒数下，随即加入酱油、米酒与水，以中小火煮约5分钟即可。

注：不喜欢太辣的话，可以减少红辣椒末的用量。

◀264│虾酱

用途：可用来拌面，也可淋在水煮青菜上。

 材料

虾米200克、蒜末40克、红葱末40克、红辣椒末10克

 调味料

米酒1大匙、蚝油1大匙、糖1大匙、鸡粉1大匙、盐适量

 做法

1. 虾米洗净沥干，泡入米酒中待软，切末备用。
2. 热锅，倒入适量油（材料外），放入蒜末和红葱末爆香至微干，加入虾米和红辣椒末以小火炒香，再加入所有调味料拌炒至入味即可。

265│三杯鸡肉臊▶

用途：可用来拌饭、拌面或炒面。

 材料

鸡肉丁300克、姜末30克、蒜末30克、红辣椒末20克、罗勒末适量、水400毫升

 调味料

酱油2大匙、香油2大匙、米酒2大匙、蚝油1/2大匙

 做法

1. 取锅烧热后倒入2大匙香油（材料外），放入姜末、蒜末、红辣椒末爆香。
2. 放入鸡肉丁炒至颜色变白后，加入其余调味料炒香。
3. 加入水，煮至入味，起锅前撒上罗勒末即可。

◀266│炒饭淋汁

用途：可用来淋在炒饭或米饭上。

 材料

蛋黄酱……………………2大匙
辣椒酱……………………1大匙
细砂糖…………………1/2小匙
热开水……………………1大匙

做法

1. 将细砂糖倒入热开水中搅拌至溶解。
2. 冷却后加入其余材料调匀即可。

注：蛋黄酱做法见P.164。

267│瓜仔肉臊▶

用途：可用来拌饭、拌面、炒面或加在汤面内，用途十分广泛。

 材料

猪肉泥250克、花瓜120克、葱20克、蒜头25克、红葱头40克

 调味料

酱油60毫升、水500毫升、细砂糖1小匙

 做法

1. 将花瓜剁碎。
2. 将蒜头及红葱头去皮，与葱一起洗净、切碎备用。
3. 锅中倒入约100毫升色拉油（材料外）烧热，以小火爆香做法2的材料，再加入猪肉泥炒至散开。
4. 加入花瓜及所有调味料，以小火煮约5分钟即可。

268 葱花肉臊

用途： 可用来拌饭、拌面或淋在水煮青菜上。

材料

猪肉泥300克、葱花80克

调味料

酱油2大匙、盐适量、糖1/2小匙、胡椒粉适量

做法

1. 取锅倒入2大匙色拉油（材料外），热至约80℃左右下猪肉泥。
2. 开大火，炒至猪肉泥表面变白散开后，加入葱花炒香。
3. 将所有调味料淋在猪肉泥上。
4. 持续以小火慢炒约15分钟，直至猪肉泥完全无水分且表面略焦黄即可。

269 辣味肉酱

用途： 可用来拌面或当一般调味料与其他菜肴一起烹炒。

材料

猪肉350克、蒜头15克、红辣椒15克、水600毫升

调味料

辣椒酱3大匙、酱油1大匙、盐1/4小匙、冰糖1小匙

做法

1. 将蒜头、红辣椒切片，猪肉切片切丝后再切成肉泥，备用。
2. 取锅烧热后倒入2大匙油（材料外），加入蒜片、红辣椒片爆香。
3. 加入猪肉泥炒出香味，加入辣椒酱续炒。
4. 加水，并加入剩余调味料，煮滚后，以小火煮30分钟即可。

270 红糖肉臊

用途： 可用来拌饭、拌面或淋在水煮青菜上。

材料

猪肉泥500克、红糖酱50克、蒜末10克、姜末10克、高汤600毫升

调味料

盐适量、冰糖1大匙、酱油膏1小匙、绍兴酒1大匙

做法

1. 热锅，加入3大匙色拉油（材料外），放入蒜末、姜末爆香，再加入猪肉泥炒至颜色变白且出油，续放入红糖酱炒香。
2. 加入所有调味料拌炒至入味，再加入高汤煮滚，煮滚后转小火续煮约30分钟，待香味溢出即可。

271 豆酱肉臊

用途： 可用来拌饭、拌面或当一般调味料与其他菜肴一起烹炒。

材料

猪肉泥300克、蒜末15克、姜末15克、葱末10克、白豆酱50克、红辣椒片10克、水700毫升

调味料

盐适量、冰糖1小匙、米酒1大匙

做法

1. 取锅烧热后倒入2大匙油（材料外），加入蒜末、姜末爆香。
2. 放入猪肉泥炒散，加入白豆酱与所有调味料炒香。
3. 加水煮滚后，以小火煮30分钟，加入红辣椒片、葱末略煮即可。

◀272 葱烧肉燥

用途：用于拌饭拌面，或是淋在烫青菜上也适合。

材料

猪肉泥400克、洋葱100克、葱50克、红葱酥50克、蒜头酥30克

调味料

水700毫升、酱油100毫升、蚝油40毫升、细砂糖1.5大匙

做法

1. 洋葱去皮，与葱一起洗净、切碎。
2. 锅中倒入约100毫升色拉油（材料外），放入做法1的材料以小火爆香，加入猪肉泥转中火炒至肉表面变白且散开。
3. 加入蚝油略炒香，再加入其他调味料，煮开后加入红葱酥及蒜头酥以小火煮约10分钟即可。

273 辣酱肉燥▶

用途：适合用来拌饭或拌面。

材料

猪肉泥400克、豆豉20克、红葱酥30克、蒜头50克、姜15克

调味料

豆瓣酱50克、辣椒粉3大匙、蚝油50毫升、细砂糖1匙、水300毫升

做法

1. 豆豉洗净、剁细，姜及蒜头去皮、切碎备用。
2. 锅中倒入约100毫升色拉油（材料外）烧热，放入做法1的材料以小火爆香，加入猪肉泥以中火炒至肉表面变白且散开。
3. 加入豆瓣酱及辣椒粉略炒香，再加入其他调味料煮至滚开，最后加入红葱酥以小火煮约15分钟即可。

◀274 香葱鸡肉燥

用途：用于拌饭拌面，或是淋在烫青菜上也适合。

材料

葱50克、红葱酥30克、去骨土鸡腿肉400克、洋葱100克、姜10克

调味料

酱油100毫升、水700毫升、细砂糖1大匙

做法

1. 鸡腿肉洗净、剁碎。
2. 洋葱、姜去皮，与葱一起洗净、切碎。
3. 锅中倒入约100毫升色拉油（材料外）烧热，放入做法2的材料以小火爆香，再加入鸡腿肉泥炒至肉表面变白散开。
4. 加入所有调味料，煮开后加入红葱酥，以小火煮约15分钟即可。

275 面肠素肉臊 ▶

用途：可用于拌饭、拌面，或淋在水煮青菜上。

 材料

面肠400克、鲜黑木耳20克、姜末15克、水800毫升

 调味料

酱油1大匙、素蚝油2大匙、冰糖适量、香油1小匙

 做法

1. 将面肠洗净、切碎；黑木耳切碎，备用。
2. 取锅烧热后倒入4大匙油（材料外），加入姜末爆香，放入面肠炒至微干，再放入黑木耳略炒。
3. 加入所有调味料炒香，放入水煮滚，以小火煮15分钟即可。

◀ 276 梅干肉酱

用途：可用于拌饭、拌面。

 材料

猪肉泥300克、梅干菜100克、蒜末15克、姜末10克、水600毫升

 调味料

酱油1大匙、冰糖1/2小匙、米酒1/2大匙

做法

1. 将梅干菜洗净、切碎，备用。
2. 取锅烧热后倒入3大匙油（材料外），放入蒜末、姜末爆香。
3. 放入猪肉泥炒至颜色变白后，加入梅干菜炒香。
4. 放入所有调味料略炒，加水煮滚后，以小火煮30分钟即可。

---

277 芋香虾米肉酱

用途：可用于拌饭、拌面，或是淋在水煮青菜上。

 材料

猪肉泥300克、虾米3大匙、芋头丁1.5杯、红葱酥2大匙

 调味料

A 高汤2杯、酱油2大匙、糖2大匙

B 香油适量、胡椒粉适量

 做法

1. 将虾米切碎备用。
2. 用1大匙的油（材料外）将猪肉泥与虾米炒香，再加入芋头丁与红葱酥一起炒香、炒匀。
3. 加入调味料A，以中小火煮滚至芋头松软，再加入香油与胡椒粉，搅匀至入味后熄火即完成。
4. 食用时，可适量撒上芹菜末增添风味。

◀278｜旗鱼肉燥

用途：可用于拌饭、拌面，搭配米粉汤也很对味。

 材料

旗鱼肉300克、米酒适量、淀粉适量、蒜苗15克、蒜末10克、姜末10克、红辣椒末20克、水200毫升

调味料

酱油2.5大匙、酱油膏1小匙、冰糖适量、乌醋1/2小匙

 做法

1. 将旗鱼肉洗净、去皮，切成条状后再切小丁，备用。
2. 将旗鱼块加入米酒、淀粉腌5分钟；蒜苗分切成蒜白、蒜叶，备用。
3. 取锅烧热后倒入2大匙油（材料外），放入蒜末、姜末、红辣椒末爆香。
4. 放入腌好的旗鱼丁，炒至颜色变白后，加入蒜白拌炒。
5. 加入所有调味料炒香，加水煮3分钟后，放入蒜叶拌炒即可。

279｜香菇素肉燥▶

用途：可用来拌饭、拌面或淋在油豆腐上，撒上香菜增加风味更好吃！

 材料

香菇12朵、素肉400克、酱瓜1块、五香粉1小匙、素蚝油300毫升、冰糖1小匙、水700毫升

 做法

1. 素肉先用水泡软。
2. 将泡软的素肉水分挤干，切细末备用。
3. 香菇洗净切碎；酱瓜切成碎末备用。
4. 热油锅，放入香菇碎以中火炒香。
5. 续将素肉末放入做法4的锅中炒香。
6. 加入酱瓜、五香粉、素蚝油、冰糖、水，转大火煮开。
7. 将做法6的材料倒入砂锅，以小火慢卤30分钟即可。

◀280｜萝卜干肉燥

用途：可用来配饭、配面吃，或包入饭团中。

 材料

碎萝卜干100克、猪肉泥300克、葱40克、红葱头40克、蒜头40克、红辣椒1个

调味料

酱油50毫升、细砂糖1小匙

 做法

1. 蒜头、红葱头去皮，红辣椒去蒂，与葱一起洗净、切碎。
2. 碎萝卜干洗净、沥干水分。
3. 锅中倒入约100毫升色拉油（材料外），放入做法1的材料以小火爆香，加入猪肉泥中火炒至熟透且水分收干。
4. 将调味料加入锅中炒香，再加入碎萝卜干以小火炒干后即可。

281｜菠萝鸡肉燥▶

用途：用于拌饭、拌面或是拌水煮青菜皆可。

 材料

菠萝150克、鸡肉丁300克、蒜末适量、水500毫升

 调味料

鲜美露2大匙、盐1/4小匙、冰糖适量、米酒1大匙、胡椒粉适量

 做法

1. 菠萝切碎备用。
2. 取锅烧热后倒入2大匙油（材料外），放入蒜末爆香。
3. 放入鸡肉丁炒至颜色变白，再放入菠萝拌炒。
4. 加入所有调味料炒香，加水煮滚后，以小火煮20分钟即可。

282 | 笋焖肉酱 ▶

用途：此道酱料用于拌面、配饭或夹入馒头食用皆可。

 材料

熟笋丁1杯、香菇丁1/3杯、肉泥1杯

 调味料

蚝油3大匙、酱油1/2杯、糖1大匙、酒1大匙、辣椒酱1大匙、高汤3大匙

 做法

1. 将所有材料充分炒香，再加入所有调味料，以中小火煮至汤汁略为收干。
2. 拌面食用时，再拌入1大匙香油与香菜即可。

◀ 283 | 黄金豆豉酱

用途：可用于拌面，尤其是搭配米粉。

材料

黑豆豉2/3杯、蒜末3大匙、红辣椒末1小匙、银鱼50克、蒜苗片1/3杯

 调味料

荫油3大匙、糖2大匙、酒2大匙、水1.5杯

做法

1. 将黑豆豉切碎备用。
2. 用适量的油将蒜末与红辣椒末先炒香，然后改中火，加入黑豆豉，略炒数下。
3. 再加入银鱼与所有调味料一起煮滚，拌入蒜苗片后熄火即完成。

284 | 茄子咖喱肉酱 ▶

用途：适合用来淋在饭上或拌面食用。

 材料

茄子500克、猪肉泥100克、葱1根、姜20克、蒜头3瓣、红辣椒1个

 调味料

咖喱粉1大匙、酒2大匙、酱油3大匙、糖1大匙

 做法

1. 茄子切5厘米左右长段状，放入油锅中油炸2分钟，取出后沥干油分备用。
2. 将葱、姜、蒜头、红辣椒全部切成细末备用。
3. 锅内放入两大匙油（材料外），爆香做法2的材料，再放入猪肉泥拌炒，最后将所有调味料放入煮沸。
4. 将茄子放入锅中拌炒均匀，盛入盘中即可。

◀285│酸辣淋汁

用途：此款酱料滋味酸辣，无论淋在干面或是汤面上都很适合。

材料

红醋……………………2大匙
蚝油……………………1大匙
酱油……………………1大匙
辣油……………………2大匙
细砂糖…………………1大匙
热开水…………………1大匙

做法

1. 将细砂糖倒入热开水中搅拌至溶解。
2. 再加入其余材料调匀即可。

286│香菇卤肉汁▶

用途：淋在米饭上就是一碗香喷喷的香菇卤肉饭，用来拌干面、烫青菜也非常适合。

材料

猪肉泥400克、红葱酥50克、蒜头酥30克、泡发香菇100克、葱50克

调味料

细砂糖1.5大匙、酱油100毫升、蚝油40毫升、水700毫升

做法

1. 香菇泡发，与葱分别洗净切碎备用。
2. 热锅，倒入约100毫升的色拉油（材料外），以小火爆香香菇碎和葱碎，加入猪肉泥，转至中火拌炒至猪肉泥表面变白散开，加入蚝油略炒香后，加入其余调味料拌匀。
3. 待汤汁煮至滚沸，加入红葱酥和蒜头酥，转至小火炖煮约10分钟即可。

◀287│川椒油淋汁

用途：此款酱料口感麻辣，可以代替红油淋在馄饨上，另外干拌面也可以淋一些用于提味。

材料

花椒油…………………1小匙
辣椒油…………………1大匙
蚝油……………………1大匙
酱油……………………1大匙
香醋……………………1大匙
细砂糖…………………1大匙
热开水…………………2大匙

做法

1. 将细砂糖倒入热开水中搅拌至溶解。
2. 再加入其余材料调匀即可。

151

288 豆瓣辣淋酱 ▶

用途：可以用来淋在饭或面，以及各种烫过的食材上。

材料

花椒粉 …………… 1/4小匙
辣豆瓣酱 ………… 2大匙
蚝油 ……………… 1大匙
细砂糖 …………… 1小匙
热开水 …………… 1大匙
葱花 ……………… 1小匙
香油 ……………… 1小匙

做法

1. 将细砂糖倒入热开水中搅拌至溶解。
2. 再加入其余材料调匀即可。

◀ 289 雪菜肉酱

用途：可以用来拌饭、拌面，或淋在各种烫过的食材上。

材料

雪菜末1杯、肉泥1/2杯、蒜末1大匙、红辣椒末1/3小匙

调味料

虾油1/5大匙、糖1小匙、盐1/3小匙、胡椒粉1/2小匙、水1/2杯

做法

将虾油、肉泥一起煸炒出油，再加入蒜末、红辣椒末炒香，随即放入雪菜末、糖、盐、胡椒粉与水，一起煮滚入味即完成。

290 云南凉拌酱 ▶

用途：可用来拌云南米线，或用于做云南式的凉面。

材料

柠檬汁 …………… 2大匙
红油 ……………… 2大匙
香油 ……………… 1大匙
糖 ………………… 1大匙
红葱头末 ………… 1小匙
蒜头末 …………… 1小匙
红辣椒末 ………… 1小匙
香菜末 …………… 1大匙

做法

将所有材料混合均匀即可。

291 | 台式凉面酱

用途：可用来作为凉面拌酱或淋在水煮青菜上。

 材料

蒜泥1/2大匙、葱姜水100毫升、芝麻酱3大匙

 调味料

香油1大匙、辣油1大匙、醋1小匙、柠檬汁1大匙、盐1小匙、细白糖1小匙

 做法

将所有材料及调味料混合均匀即可。

注：葱姜水是将适量葱及姜拍碎，浸泡在凉开水中30分钟，过滤葱姜后保留的汤汁。

示范料理 **台式凉面**

(材料)

熟细油面…………… 180克
小黄瓜丝…………… 30克
胡萝卜丝…………… 20克
鸡胸肉丝…………… 50克
台式凉面酱 ………… 适量

(做法)

1. 将熟细油面放入盘中，再依序摆上小黄瓜丝、胡萝卜丝和鸡胸肉丝。
2. 食用前再淋上台式凉面酱即可。

示范料理 **川味凉面**

(材料)

熟细拉面300克、绿豆芽20克、小黄瓜1/2条、川味麻辣酱3大匙、香菜适量

(做法)

1. 将绿豆芽以滚水汆烫至熟后捞起冲冷水至凉；小黄瓜洗净后切丝浸泡凉开水备用。
2. 取一盘，将熟细拉面置于盘中，再于面条表层排放做法1的材料，最后淋上川味麻辣酱、撒上适量香菜即可。

292 | 川味麻辣酱

用途：可用来作为凉面拌酱。

 材料

色拉油2大匙、水1大匙、辣椒粉10克、花椒油1/2小匙、香醋1小匙、盐1小匙、细白糖1小匙、酱油1小匙、蒜泥1/2小匙、香油1/4小匙

做法

1. 热锅，倒入色拉油烧热后熄火备用。
2. 取一碗，先将水与辣椒粉调匀，再冲入做法1的热油快速调匀即为麻辣油。
3. 将香醋、酱油、花椒油、糖、盐、蒜泥、香油一起放入麻辣油中混合均匀即可。

293 芝麻酱 ▶

用途：可用来作为凉面拌酱，或淋在水煮青菜上。

材料

芝麻酱···········2大匙
香油···········1小匙
花生粉···········1小匙

做法

将所有调味料搅拌均匀即可。

◀ # 294 香豉酱

用途：可用来作为凉面拌酱。

材料

豆豉···········1小匙
色拉油···········1小匙
蒜末···········1/2小匙
姜末···········1/4小匙
凉开水···········3大匙
酱油···········1小匙
细砂糖···········1/2小匙
香油···········1/2小匙

做法

1. 豆豉放入小碗中，加入适量热水泡约5分钟，捞出沥干后，切碎备用。
2. 热锅倒入色拉油烧热，放入豆豉和蒜末以小火炒约1分钟，加入水及其他材料拌匀煮滚，熄火放凉即可。

295 剁椒凉面酱 ▶

用途：可用来作为凉面拌酱。

材料

湖南剁椒1大匙、凉开水5大匙、细砂糖1.5小匙、白醋2小匙、酱油1小匙、香油1小匙

做法

1. 将湖南剁椒放入果汁机中，加入凉开水打成汁，倒入碗中备用。
2. 将其他材料放入做法1中搅拌均匀即可。

296 | 怪味酱

用途：可用来作为凉面拌酱或淋在凉拌菜上。

材料

凉开水4大匙、芝麻酱1大匙、芥末粉1/2小匙、蒜末1/2小匙、姜末1/4小匙、葱花1小匙、红辣椒末适量、红油1/2小匙、香油1/2小匙、细砂糖1.5小匙、酱油1.5小匙、白醋1小匙、盐1/4小匙

做法

1. 芝麻酱放入大碗中，先加入一小部分凉开水，待芝麻酱和水搅拌均匀后，再加入一小部分凉开水拌匀，重复此动作至水完全加入，混匀至芝麻酱完全吸收水分没有颗粒状不均匀的感觉为止。
2. 将剩余材料放入做法1中搅拌均匀即可。

297 | 沙茶凉面酱

用途：可用来作为凉面拌酱或淋在凉拌菜上。

材料

A 水5大匙、粘米粉1/2小匙、香油1小匙
B 沙茶酱1.5大匙、蒜末1/2小匙、细砂糖1.5小匙、蚝油1小匙、细砂糖1/2小匙、牛肉汁1小匙

做法

1. 将水倒入小锅中以小火煮至滚，加入所有调味料B拌匀煮至微滚备用。
2. 将粘米粉以适量水（材料外）调匀，加入做法1中微滚的调味料勾芡至浓稠，熄火淋上香油，略拌放凉即可。

298 | 花生芝麻酱

用途：可用来作为凉面拌酱。

材料

水30毫升、芝麻酱1/2小匙、甜花生酱1/2小匙、白醋1小匙、酱油1小匙、糖1/2小匙、盐1/4小匙、蒜泥1/2小匙

做法

1. 取一碗，加入芝麻酱和水均匀调开。
2. 倒入其余材料至做法1的碗中调匀即可。

299 | 姜汁酸辣酱

用途：可用来作为凉面拌酱。

材料

老姜⋯⋯⋯⋯⋯25克
凉开水⋯⋯⋯⋯⋯3大匙
酱油膏⋯⋯⋯⋯⋯1大匙
乌醋⋯⋯⋯⋯⋯1.5小匙
细砂糖⋯⋯⋯⋯⋯2小匙
香油⋯⋯⋯⋯⋯1/2小匙

做法

1. 老姜洗净，去皮磨成泥备用。
2. 将姜泥放入小碗中，加入剩余材料拌匀即可。

注：材料中选择老姜可以使酱汁里的姜味更浓。

◀300 麻辣酱

用途：可用来作为凉面酱或蘸酱。

材料

红油……………………4大匙
香醋……………………1小匙
糖 ………………………1小匙
酱油……………………1小匙
蒜泥……………………1/2小匙
香油……………………1/4小匙

做法

1. 红油放入碗中备用。
2. 将香醋、糖、酱油、蒜泥、香油一起放入红油中混合均匀即可。

301 八宝辣酱 ▶

用途：可用来拌饭、拌面，或加在汤面里增加风味。

材料

肉泥300克、蒜末2大匙、豆干丁1/2杯、毛豆3大匙

调味料

A 甜面酱3大匙、辣椒酱2大匙
B 高汤3杯、乌醋2大匙、糖1.5大匙、料酒1.5大匙

做法

1. 将肉泥煸出少许油来，但不可以煸得太干，然后加入蒜末炒香备用。
2. 豆干丁汆烫备用；毛豆汆烫后用冷水冲凉备用。
3. 将肉泥、豆干丁、毛豆与调味料A略炒均匀，再加入调味料B煮至入味即可。

◀302 八宝素酱

用途：可用来拌饭、拌面，或加在汤面里增加风味。

材料

素肉50克、马蹄6个、香菇3朵、黑木耳丁30克、玉米粒50克、胡萝卜丁50克、毛豆40克、豆干丁50克、姜末20克、热水150毫升

调味料

甜面酱1大匙、素蚝油1小匙、香菇粉1小匙、盐1/2小匙、糖1小匙、胡椒粉适量

做法

1. 煮一锅滚水，放入素肉泡软，捞起沥干切丁；香菇洗净泡入水中待软，切丁备用；马蹄洗净去皮，切丁备用。
2. 热锅，倒入适量油（材料外），放入姜末爆香至微干，加入豆干丁炒至香味溢出，再加入香菇丁和胡萝卜丁拌炒。
3. 续放入剩余材料炒熟，再加入调味料和热水炒至入味即可。

sauce
西式酱料篇

西式酱料的**基本材料**

葱 无论是葱叶、葱丝或是油葱酥，都是调制中式酱料的重要材料。青葱的选购很简单，只要葱枝本身尾端没有枯黄，同时葱身直挺即可。至于葱丝，就是把买回来的青葱洗干净，然后切成细丝状，在使用前先泡在水中，防止葱丝变干变色，等酱料调好之后，再将葱丝抓入其中调匀即可。有人习惯把切好的葱丝放入盐水中浸泡，如果葱丝是用来调制酱料，最好不要放入盐水，以免制作出来的酱料太咸。

姜 因为采收时期的不同而分为嫩姜、粉姜和老姜三种。嫩姜的水分最足，买回来要尽快吃掉，以免纤维化。至于老姜，因为本身所含的水分很少，所以不能再放进冰箱，以免水分过度流失。姜在调制酱料的时候经常被使用，一般使用的原则很简单：如果你所调的酱料需要辣一点的味道，可以把粉姜磨成姜末或是熬成姜汁，然后混入酱料中，酱料中就会有一种姜的自然辛辣味。另外也可以使用老姜或是嫩姜来制作酱料，但是用法不同。嫩姜最好切成极细的细丝，然后撒入酱料中（一般是海鲜酱料中），吃起来脆脆的，口感十足。至于老姜可以用刀剁成很细的颗粒，放入酱料中，辛辣味会更重。由于姜的自然辛辣味可以掩盖住许多海鲜的腥味，所以在调制海鲜酱料时，姜是很常被使用的。现在有许多从国外进口的姜粉，就是把姜干燥制成粉末，要用的时候撒一点。像这样的姜粉也可以用来作酱料，不过效果较差。

蒜头 的保存期限长，只要保持干燥，放在通风的场所就可以放几个月。怕麻烦的话可以到市场买现成已经剥好皮的，买回来之后可以把剥好皮的蒜粒放进一个干净的微波炉餐盒，然后放入冰箱冷藏，保持蒜粒的新鲜。如果发觉买回来的蒜头已经有出水的情况，可以把蒜头放在水龙头下冲洗干净，然后磨成蒜泥，放在冰箱上层冷冻，等要用的时候再取出，这样又可以延长蒜头的使用期限。蒜粒切片或是磨成蒜泥，都是调配酱料的好材料。如果制作酱料时所用的材料较多，最好用蒜泥，因为蒜泥可以把蒜的味道和所有材料均匀地混合在一起。酱料里的材料越简单，譬如蒜末酱油（里面只有蒜末、酱油和香油），可以用蒜片或是蒜末，这样可以有机会咀嚼蒜片的滋味，感觉会更好。

香菜 最早产于欧洲地中海地区，现在一年四季都可以买到香菜。买回来的香菜如果不必马上使用，先不要碰到水，最好用纸包好放入冰箱冷藏，可以保存两个星期左右。香菜碰到水以后容易腐烂，只能放几天。香菜在栽种的时候经常会爬满小虫，所以香菜在使用之前一定要冲洗干净，最好是放在清水中浸泡干净，使用起来会比较卫生。调制酱料的时候通常都会将香菜切成末，然后加入酱料中，食物在蘸酱的时候可以很容易就蘸到香菜的香味。一般我们烤肉腌制烤肉酱的时候，不妨加进香菜末，让肉在香菜末酱里腌上一天，这样烤出来的肉不但有酱汁的甘甜，也会有香菜自然的香味。使用香菜调制酱料还有一个原则，就是需要熬煮的酱料不适合放进香菜，因为香菜一经久煮，叶片会变黄，同时香味也会散失。另外香菜在使用前最好将水分彻底沥干，以免加入酱料之后把酱料稀释，影响酱料的味道。

白萝卜泥、洋葱碎末等 根茎类 蔬菜
在日式或是西式酱料中经常用到，将它们磨成泥，加入酱料中来增进酱料的口感。因为萝卜泥和洋葱这一类的根茎蔬菜有很好的吸水性，放入酱料中可以很好地吸取酱汁。以天妇罗蘸酱为例，当炸天妇罗放入酱汁里，天妇罗的表面会沾满萝卜泥和厚厚的酱汁，吃起来有萝卜泥的清新口感，也有酱料的鲜味。但是有一点要特别注意，因为白萝卜泥容易生水，所以最好把白萝卜泥放在一旁，等要吃的时候再把白萝卜泥放入酱汁中拌匀。太早把白萝卜泥放入酱汁中的话，白萝卜泥会把酱汁稀释，影响口感。

青蒜 通常和香肠或乌鱼子配着吃。为什么吃香肠和乌鱼子要配青蒜呢？因为我们吃一些比较油腻或味道比较重的食物，味觉很容易疲乏，这时候如果配青蒜一起嚼，因为青蒜有刺激味蕾的效果，两种味道交替，味觉才不会疲乏，也更能品尝出食物的美味。其实青蒜在酱料的使用上并不广泛，通常是味道较重的食材的蘸酱才用得到。购买青蒜时，如果根部粗大，表示青蒜已经快要变成蒜头，品质比较差，应该选根部比较小的才比较鲜嫩好吃。

红葱头、油葱酥
也是重要的酱料原料。不同品种的葱，会长出不一样的葱头，而红葱头就是一种叫作"珠葱"的小型葱长成的，通常是用来爆香或油炸成油葱酥。除了红葱头，葱也可以拿来作油葱酥，油炸以前，先把葱切成约一厘米的小段，尽量使用葱白的部分，油热以后下锅炸至褐色，然后撒一点盐进去，再拌炒一下，就可以起锅。在起锅以前，切记不可熄火，否则油葱酥会开始吸油，影响口感和缩短保存时间。油葱酥应在起锅后沥干马上使用，多余的则必须用罐子或袋子密封收好。这样炸好的油葱酥，口感酥脆，而且非常香，用在酱料上有增香的效果。但是一次用量不可过多，因为吃多了容易感觉到腻。

欧芹
是西式料理中常见的香料，就像中式料理的香菜一样。它不仅有装饰盘面的功能，在调制酱料时也是很好用的调味料。尤其是用在鱼类料理上，味道非常搭配。欧芹的叶子长得有点像芹菜或香菜，如果是用在酱料里，可以把它切碎再用，但是欧芹的味道有一点呛，除非有特殊要求，否则添加的量不宜过多。

薄荷
也是西式料理使用非常普遍的调味香料。可以整片叶子使用，也可以买薄荷草来用。因为它本身有淡淡的清香，味道也很清爽，所以可以去除油腻感，同时也有一点提神的功能。另外，它的用途也非常广泛，包括调酒、果酱、沙拉酱等。利用薄荷调制酱料时，比较适合制作浓稠的酱料，如果是口味较淡的酱料，薄荷味道会比较突显，盖过其他材料的味道。以薄荷草调制酱料时，可以先放入酱汁一起煮，之后再过滤掉。

月桂叶
有另一个名字叫"香叶"，因为它有浓浓的香味，所以是去除肉臭效果显著的香料，很适合在烹调肉类或者是调制肉类的蘸酱的时候加一点进去。但是因为它的味道很重，所以也不能加太多，否则会盖住食物原有的味道。以磨成粉末的月桂叶来说，一般家庭煮一大锅肉，也只需要大约用小指甲挑一点点的分量就够了。如果是以整片叶子来算，一片叶子煮一锅肉就绰绰有余了。如果是用在酱料的调制，选小一点的叶子就可以了。

牛高汤

●材料
A 牛大骨3千克、水6500毫升
B 百里香1大匙、胡萝卜1根、西芹2根、西红柿1个、白菜1/4棵、洋葱2颗、蒜头10瓣、月桂叶3片

●做法
牛大骨放入冷水中煮，滚开后转小火，捞除表面浮渣，放入材料B，煮5小时后过滤即可。

鸡高汤

●材料
鸡骨、鸡爪、鸡翅共3千克、水6500毫升、胡萝卜1根、西芹2根、西红柿1颗、白菜1/4颗、洋葱2颗、蒜头10颗、月桂叶3片、百里香1大匙

●做法
所有材料放入锅中以小火煮4小时即可。

鱼高汤

●材料
鱼骨3千克、奶油100克、白葡萄酒50毫升、水6500毫升、胡萝卜1根、西芹2根、西红柿1个、白菜1/4棵、洋葱2颗、蒜头10瓣、月桂叶3片、百里香1大匙

●做法
蔬菜切细，将鱼骨和所有蔬菜、月桂叶、百里香放入奶油中以小火炒煮，然后倒入白葡萄酒略煮，再加水煮至滚开后捞除浮渣，以小火再煮1小时即可。

红高汤

●材料
牛骨1千克、猪骨1千克、奶油60克、番茄酱5大匙、西红柿糊5大匙、胡萝卜1根、西芹2根、西红柿1颗、白菜1/4颗、洋葱2颗、蒜头10瓣、月桂叶3片、百里香1大匙、水5000毫升

●做法
1. 牛骨切小块，与猪骨一起放入奶油以中火炒到焦黄色（也可以放入烤箱中，以200℃烤30~40分钟，并不时翻动）。
2. 加入其他材料（水除外）继续以小火炒10分钟，再倒入水煮开，然后改小火煮2小时以上，过滤即可。

西式酱料篇 沙拉酱

◀303|传统蛋黄酱

用途：可作为生菜沙拉酱或是加味沙拉酱基底层，或作为三明治、汉堡淋酱。

材料

A 盐8克、细砂糖80克、玉米粉60克、白醋20克、水280毫升
B 全蛋液110克、色拉油420毫升

做法

1. 材料A混合拌匀，开小火煮并不时均匀搅拌，煮至透明且呈胶凝状后离火，备用。
2. 趁热倒入电动搅拌器内，分次交互加入全蛋液与色拉油，以中速搅打，每次加入都必须完全吸收乳化后，才能再加入另一次，直到全蛋液与色拉油加完为止，搅拌至均匀一致即可。

304|蛋黄酱▶

用途：除了做沙拉之外，还可以拿来当水煮蔬菜的蘸酱，如茭白、芦笋等。

材料

A 蛋黄5个、盐8克、白醋30毫升、法式芥末酱28克、细砂糖120克
B 色拉油1000毫升
C 胡椒粉3克、柠檬汁150毫升

做法

1. 材料A混合并以电动搅拌器打至呈膨胀、绵细状。
2. 一边将材料B徐徐加入做法1中，一边以打蛋器搅拌至全部材料成白色浓稠状态，再加入材料C拌匀即可。

◀305|特制沙拉酱

用途：除当沙拉酱拌沙拉吃之外，也可以拿来蘸面包吃。

材料

鲜奶油200毫升、白兰地酒3小匙、番茄酱2大匙、法式芥末酱1.5大匙、柠檬汁20毫升、香菜碎1大匙、香芹碎2小匙、糖1小匙、盐1小匙、黑胡椒粗粉1小匙

做法

将所有材料搅拌均匀即可。

306|透明蛋黄酱▶

用途：早餐店常用来涂三明治或汉堡，因为没有加蛋，成本较低也耐久放。

材料

A 细砂糖100克、盐5克、奶油50克、水450毫升
B 细砂糖200克、玉米粉90克、水150毫升

做法

1. 将所有材料A混合拌匀，放入深锅内，开小火不时均匀搅拌，煮至材料溶化。
2. 待做法1煮沸后，再放入混合拌匀的材料B，用小火续煮、并不时搅拌均匀，煮至透明呈胶凝状，熄火待凉即可。

用途：除了最常拿来拌生菜沙拉，还能拿来炒饭或当土司抹酱。

材料

橄榄油1200毫升、奶酪粉230克、法式芥末酱3小匙、柠檬汁4大匙、蛋黄8个、培根碎1大匙、鳀鱼1大匙、酸豆15克、洋葱碎60克、蒜碎2大匙

做法

1. 酸豆切碎后与洋葱碎、蒜碎、培根碎及鳀鱼拌匀。
2. 蛋黄、法式芥末酱、柠檬汁混合打匀，加入做法1的材料与橄榄油慢慢打成沙拉酱汁，再加入奶酪粉打匀即可。

示范料理 **熏鸡凯撒沙拉**

(材料)

生菜1/2棵、奶酪100克、烟熏鸡肉片2大片、培根3大片、大蒜面包丁50克、奶酪粉1大匙、黑胡椒适量、凯撒沙拉酱适量

(做法)

1. 将生菜洗净剥小块，浸泡冰水10分钟使口感爽脆，捞起沥干，与凯撒沙拉酱混拌均匀，装入盘中备用。
2. 将奶酪切成条状；烟熏鸡肉片切成一口大小；培根切小片，在锅中干烤至出油；大蒜面包丁放入烤箱烤至金黄色备用。
3. 将做法2的所有材料铺在生菜上，撒上奶酪粉、黑胡椒即可。

308 | 千岛沙拉酱▶

用途：可以拿来做蔬菜沙拉、水果沙拉。

材料

蛋黄酱10大匙、番茄酱8大匙、梅林辣酱油1小匙、柠檬1/2颗（挤汁）、白煮蛋1个、酸黄瓜碎1小匙、洋葱碎2大匙、欧芹碎1小匙、糖4小匙

做法

1. 白煮蛋切碎备用。
2. 取一个稍大的碗倒入蛋黄酱及番茄酱拌匀，再加入糖与其余材料拌匀即可。

注：蛋黄酱做法见P.164。

◀309 | 美式千岛酱

用途：可以拿来做蔬菜沙拉、水果沙拉。

材料

蛋黄酱300克、番茄酱200克、美式辣椒酱适量、辣酱油适量、柠檬汁适量、白煮蛋1个、腌黄瓜25克、洋葱40克、青辣椒30克

做法

1. 将腌黄瓜、洋葱、青辣椒、白煮蛋切碎，再以麻布挤干水分。
2. 蛋黄酱、番茄酱、柠檬汁混合均匀，加入做法1的材料拌匀，再将美式辣椒酱、辣酱油加入拌匀即可。

注：蛋黄酱做法见P.164。

310 | 荷兰蛋黄酱▶

用途：通常用来做沙拉或是三明治。

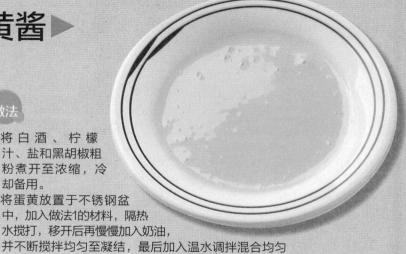

材料

奶油······················35克
白酒······················20克
柠檬汁····················5毫升
温水······················15毫升
蛋黄······················3粒
盐························适量
黑胡椒粗粉···············适量

做法

1. 将白酒、柠檬汁、盐和黑胡椒粗粉煮开至浓缩，冷却备用。
2. 将蛋黄放置于不锈钢盆中，加入做法1的材料，隔热水搅打，移开后再慢慢加入奶油，并不断搅拌均匀至凝结，最后加入温水调拌混合均匀即可。

311 | 土豆沙拉酱

用途：除了适合做土豆沙拉，也可以做成通心粉沙拉。

材料

橄榄油	7大匙
柠檬汁	3大匙
西芹碎	1大匙
洋葱碎	1大匙
蒜头	1颗
欧芹碎	适量
盐	2小匙
黑胡椒粗粉	适量

做法

蒜头压成泥，取一小碗放入柠檬汁、蒜泥、洋葱碎、西芹碎与盐，撒上适量黑胡椒粗粉，缓缓加入橄榄油，边加边搅拌至均匀即可。

示范料理 土豆沙拉

（材料）

土豆4颗、洋葱1/2颗、欧芹碎2大匙、土豆沙拉酱适量

（做法）

1. 土豆洗净，连皮在滚水中煮至熟透（水面需盖过土豆），沥干待凉。
2. 洋葱切碎，土豆去皮后切滚刀，放入大碗中，加洋葱与欧芹末拌合。
3. 将土豆沙拉酱淋在土豆上，拌至土豆均匀沾到沙拉酱即可。

312│冷牛肉沙拉汁

用途：除了冷牛肉沙拉，也适合拿来蘸一般汆烫过的肉类食用。

材料

辣酱油·················2小匙
白葡萄酒·············3大匙
苹果醋·················2大匙
柳橙汁·················2大匙
柠檬汁·················1大匙
糖·······················适量

做法

将所有材料均匀拌成调味汁。

冷牛肉沙拉

（材料）
菲力牛肉·············300克
生菜·····················50克
盐························适量
黑胡椒粗粉···········适量
冷牛肉沙拉汁········适量

（做法）
1. 菲力牛肉用盐、黑胡椒粗粉调味，取平底锅用大火将牛肉煎至五成熟。
2. 将牛肉取出放进冰水里浸冷，待冰凉后将水分拭干，切薄片备用。
3. 冷牛肉片搭配各式生菜置于盘中，淋上冷牛肉沙拉汁食用即可。

 313 沙拉意大利汁

用途：除当沙拉酱拌沙拉吃之外，也可以拿来蘸面包吃。

 材料

橄榄油85毫升、白酒醋50毫升、蛋黄酱350克、动物性鲜奶油25毫升、法式芥末酱20克、意大利汁200毫升、柳橙1个、柠檬1/2个、白煮蛋2个、果糖35克、盐30克、白胡椒粉1小匙

做法

柳橙、柠檬压汁，与其他材料搅拌均匀即可。

注：蛋黄酱做法见P.164。

314 风味酱汁

用途：除当沙拉酱拌沙拉吃之外，也可以拿来蘸面包吃。

 材料

橄榄油180毫升、白酒醋2大匙、动物性鲜奶油80毫升、墨西哥辣椒酱数滴、法式芥末酱2小匙、蛋1个、糖1小匙、盐1小匙、黑胡椒粗粉1小匙

做法

1. 法式芥末酱、蛋、糖、盐、黑胡椒粗粉拌匀，依次倒入橄榄油，搅拌成蛋黄酱般的浓稠状。
2. 接着加入白酒醋、墨西哥辣椒酱拌匀，加入动物性鲜奶油拌匀即可。

 315 双味茄汁酱

用途：一般是西式料理的蘸酱，也可以蘸薯条吃或拌意大利冷面亦可。

材料

西红柿1颗、橄榄油3大匙、红酒醋3大匙、蛋黄酱200克、法式芥末酱2小匙、柠檬汁2大匙、酸黄瓜碎1大匙、糖适量、盐适量、黑胡椒粗粉适量

做法

将所有材料放入果汁机中拌匀即可。

注：蛋黄酱做法见P.164。

316 红甜椒酱汁

用途：各种沙拉、肉类与海鲜料理都很适合。

 材料

红甜椒……………1根
蛋黄酱……………100克
柠檬汁……………1大匙
矿泉水……………60毫升

做法

先将红甜椒去籽切块，用水汆烫后待凉，加入矿泉水打成汁，拌入蛋黄酱和柠檬汁即可。

注：蛋黄酱做法见P.164。

317 | 苹果油醋汁 ▶

用途：除了作为生菜色拉油醋酱汁，也可用来蘸拌
白肉（鸡肉或鱼）食物或海鲜。

材料

橄榄油…………………2大匙
红酒……………………1大匙
苹果醋…………………1.5大匙
枫糖浆…………………2小匙
盐………………………1小匙
黑胡椒粗粉……………1小匙

做法

将所有材料搅拌均匀
即可。

◀ 318 | 百香油醋

用途：除了作为油醋类沙拉酱之外，也可当西餐
前菜的拌酱。

材料

橄榄油…………………4大匙
苹果醋…………………2大匙
百香果肉（含汤汁）3颗
糖………………………2大匙
盐………………………1小匙

做法

将所有材料拌均
即可。

319 | 西红柿水果醋酱

用途：除当沙拉酱之外，也能拿来蘸火腿。

材料

橄榄油…………………50毫升
水果醋…………………6大匙
番茄酱…………………2大匙
辣椒酱…………………1小匙
芒果酱…………………2大匙
芥末粉…………………1小匙
盐………………………1小匙

做法

将所有材料放入果汁机
中拌匀即可。

320 | 油醋西红柿汁

西式酱料 沙拉酱

用途：主要是拿来做油醋西红柿，也可以搭配蔬食如油醋彩椒。

 材料

橄榄油	3大匙
红酒醋	2大匙
辣酱油	2小匙
罗勒丝	2小匙
蒜碎	2小匙
意大利香料	1小匙
糖	3小匙
盐	1小匙
黑胡椒粉	1小匙

 做法

将所有材料混合拌匀，即为油醋西红柿调味汁。

示范料理 **油醋西红柿**

(材料)

| 西红柿 | 4个 |
| 小黄瓜 | 2根 |

(做法)

1. 将西红柿洗净，切去蒂头，在底部切十字，先烫过再泡入冷水去除外皮，然后切成片状排盘。
2. 另将小黄瓜斜切成6厘米长条，也排入盘中，最后淋上油醋西红柿汁拌匀即可。

◀321 红酒醋酱汁

用途：除了能拿来当沙拉酱汁，也可以当作是煎、煮食物时的酱汁。

 材料

橄榄油150毫升、红酒醋100毫升、欧芹碎1大匙、糖1小匙、盐1小匙、黑胡椒粗粉1小匙

做法

将所有材料混合均匀即可。

322 塔塔酱▶

用途：拿它来搭配炸鱼排、生菜或是无盐的饼干都很不错！

 材料

动物性鲜奶油2大匙、蛋黄酱250克、白酒醋2大匙、柠檬汁2大匙、鸡蛋1个、酸黄瓜碎3大匙、芹菜碎2小匙、红甜椒碎2小匙、洋葱碎2大匙、芹菜碎1大匙、小茴香1小匙

 做法

将鸡蛋煮熟切碎，与酸黄瓜碎一起倒入蛋黄酱中搅拌，再加入其他材料拌匀即可。
注：蛋黄酱做法见P.164。

◀323 鳗鱼酱汁

用途：搭配面包、生菜、沙拉、意大利面都非常美味可口。

 材料

罐装鳗鱼4条、法式芥末酱1大匙、原味酸奶150毫升、柠檬汁4大匙、蒜碎2大匙、糖2小匙、白胡椒粉适量匙

 做法

将鳗鱼剁成泥状，再与其他材料混合拌匀，放入冰箱冷藏即可。

324 西红柿油醋酱▶

用途：可用来做凉拌酱汁，或淋在烫熟的蔬菜上。

 材料

洋葱末50克、辣椒末1条、香菜1棵、盐适量、柠檬汁25毫升、橄榄油60毫升、猕猴桃1/2个、西红柿1/2个

 做法

1. 猕猴桃与西红柿去皮切成细末。
2. 将所有材料混和均匀即可。
注：蛋黄酱做法见P.164。

325 | 鸡肉沙拉酱

用途：适合做一般冷面沙拉或是白肉沙拉。

材料

橄榄油 ·················9大匙
柠檬（取汁）·········1颗
盐 ·······················适量
黑胡椒粗粉 ··········适量

做法

将柠檬汁与橄榄油混合，再加盐、黑胡椒粗粉充分搅拌调味即成。

示范料理 **蝴蝶面鸡肉沙拉**

（材料）

蝴蝶意大利面400克、鸡胸肉3块、橄榄油适量、生菜适量、蒜头适量、洋葱适量、胡萝卜适量、西芹适量、罗勒6片、奶酪适量、鸡肉沙拉酱适量

（做法）

1. 生菜、蒜头、洋葱、胡萝卜、西芹切片；罗勒切碎备用。
2. 鸡肉煎熟，放凉后再切片。
3. 将蝴蝶面水煮12分钟至微软，沥干水分，撒些橄榄油拌均匀后放凉。
4. 再将奶酪切块，与做法1、2、3的材料及鸡肉沙拉酱拌匀盛盘即可。

173

326 法式酱汁 ◀

用途：属于油醋类沙拉酱。

材料

牛高汤250毫升、色拉油 200毫升、红酒醋40毫升、法式芥末酱1大匙、香菜碎2大匙、洋葱碎2大匙、欧芹碎2大匙、糖1小匙、盐1小匙、黑胡椒粗粉1小匙、红椒粉1小匙

做法

将所有材料混合拌匀即可。
注：牛高汤做法见P.162。

◀327 酒醋芥末酱汁

用途：属于油醋类沙拉酱。

材料

牛高汤	250毫升	白煮蛋	1个
红酒醋	150毫升	糖	1小匙
法式芥末酱	1大匙	盐	1小匙
洋葱碎	3大匙	黑胡椒粗粉	1小匙

做法

将白煮蛋切碎，与其他材料混合拌匀即可。
注：牛高汤做法见P.162。

328 白酒油醋汁 ▶

用途：除了作为沙拉酱汁，也可以作为鸡肉、鱼等白肉类的蘸酱，用于凉拌菜调味酱汁也十分合适。

材料

橄榄油	100毫升
白葡萄酒	50毫升
白酒醋	100毫升
果糖	2大匙
盐	1小匙
黑胡椒粉	1小匙

做法

将所有材料搅拌均匀即可。

◀329 白酒酸豆酱

用途：属于低脂低热量的沙拉酱，适合注重保持身材的人食用。

材料

洋葱碎 ·················· 50克
培根碎 ·················· 20克
酸豆 ···················· 15克
白酒 ····················· 20毫升
白醋（米醋）········· 20毫升
橄榄油 ················· 60毫升

做法

1. 取平底锅先倒入橄榄油，烧热后，将洋葱碎、培根碎、酸豆炒香。
2. 再倒入白酒、白醋混合拌匀即可。

330 法式芥末鲜奶油酱 ▶

用途：除了作为沙拉酱拌沙拉吃之外，也可以拿来蘸面包吃。

材料

动物性鲜奶油150毫升、法式芥末酱3大匙、柠檬汁2大匙、香菜碎适量、欧芹碎1大匙、糖1大匙、盐1小匙、黑胡椒粗粉1小匙

做法

将法式芥末酱、柠檬汁和糖拌匀，分次加入动物性鲜奶油，用打蛋器搅拌至浓稠状，再以盐、黑胡椒粗粉调味，撒入香菜碎和欧芹碎即可。

◀331 香槟奶油酱

用途：除当沙拉酱拌沙拉吃之外，也可以拿来蘸面包吃。

材料

香槟 ····················· 30毫升
鲜奶油 ··············· 250毫升
红酒醋 ················· 20毫升
柠檬汁 ··················· 2小匙

做法

鲜奶油打发后，加入其他材料拌匀即可。
注：鲜奶油要打硬一些。

332 水果宾治调味汁 ▶

用途：原本是调酒饮料，加以改良可当海鲜类蘸酱或沙拉酱使用。

材料

香橙酒 ··············· 40毫升
柳丁汁 ··············· 20毫升
柠檬汁 ··············· 40毫升
糖水 ··············· 250毫升

做法

将所有材料拌匀即可。

175

◀333 | 鳄梨酱汁

用途：可用作生食素材、西芹、小黄瓜、萝卜、烫青菜等的蘸酱。

 材料

鳄梨1个、动物性鲜奶油180毫升、原味酸奶150毫升、白酒醋20毫升、白煮蛋1个、酸豆1大匙、洋葱碎3大匙、西芹碎1大匙、欧芹碎1大匙、酸黄瓜碎1大匙、糖1大匙、盐1小匙、黑胡椒粗粉1小匙

 做法

将所有材料放入调理机中打成泥状即可。

334 | 柳橙风味酱汁 ▶

用途：除了作为水果风味的沙拉酱，当前菜拌酱也不错。

 材料

橄榄油150毫升、法式芥末酱1大匙、柳橙1个、柠檬1.5个、洋葱碎1大匙、糖1大匙、盐1小匙、黑胡椒粗粉1小匙

 做法

1. 将柳橙压汁，皮切碎；柠檬压汁备用。
2. 将糖、柳橙汁、柠檬汁搅拌均匀，再加入法式芥末酱、盐、黑胡椒粗粉拌匀，接着加入橄榄油拌匀，最后拌入洋葱碎即可。

◀335 | 苹果酸奶酱

用途：属于水果风味沙拉酱，也可当作贝果或三明治的涂酱。

 材料

番茄酱2大匙、动物性鲜奶油1大匙、原味酸奶3大匙、苹果原汁1大匙、蛋黄酱2大匙

 做法

番茄酱加动物性鲜奶油，再加入酸奶及苹果原汁拌好，最后加入蛋黄酱拌匀即可。
注：蛋黄酱做法见P.164。

336 | 香橙沙拉酱 ▶

用途：属于水果风味沙拉酱，也可当作贝果或三明治的涂酱。

 材料

蛋黄酱300克、柳橙2个、柳橙浓缩汁60毫升、柠檬汁1大匙

 做法

柳橙取果肉，与其他材料一起拌匀即可。
注：蛋黄酱做法见P.164。

◀337│葡萄柚酸奶汁

用途：属于水果风味的沙拉酱，当作前菜拌酱也不错。

 材料

酸奶250毫升、蛋黄酱180克、葡萄柚汁60毫升、果糖2大匙、盐1小匙、黑胡椒粗粉1小匙

 做法

将所有材料搅拌均匀即可。
注：蛋黄酱做法见P.164。

西式酱料

沙拉酱

338│柠檬沙拉汁▶

用途：除作为沙拉酱之外，还能当海鲜类蘸酱使用。

 材料

原味酸奶2大匙、柠檬2颗、凉开水30毫升、白煮蛋1个、糖1小匙、盐1小匙、黑胡椒粗粉1小匙

 做法

将柠檬压汁，与酸奶、凉开水、白煮蛋一起放入调理机中打成泥状，再以糖、盐、黑胡椒粗粉调味即可。

◀339│香柚沙拉酱

用途：属于水果风味沙拉酱，当作贝果或三明治的涂酱也不错。

 材料

蛋黄酱300克、葡萄柚1个、葡萄柚浓缩汁50毫升、果糖1大匙

 做法

葡萄柚取果肉，与其他材料一起放入盆中拌匀即可。
注：蛋黄酱做法见P.164。

340│葡萄沙拉酱▶

用途：属于水果风味沙拉酱，也可当作贝果或三明治的涂酱。

 材料

蛋黄酱300克、葡萄浓缩汁60毫升、葡萄8颗、葡萄干2大匙、果糖1大匙

 做法

将葡萄切块，与其他材料一起拌匀即可。
注：蛋黄酱做法见P.164。

◀341│百香果沙拉酱

用途：属于水果风味沙拉酱，也可当贝果或三明治的涂酱。

 材料

蛋黄酱300克、百香果浓缩汁60毫升、柠檬汁2大匙

 做法

将所有材料拌匀即可。
注：蛋黄酱做法见P.164。

342│柠檬风味沙拉酱▶

用途：属于水果风味沙拉酱，也可涂贝果或三明治来吃。

 材料

蛋黄酱300克、柠檬浓缩汁60毫升、柠檬汁20毫升、柠檬皮丝1大匙、果糖3大匙

 做法

将所有材料放入盆中拌匀即可。
注：蛋黄酱做法见P.164。

◀343│水果风味调味酱

用途：属于水果风味沙拉酱，也可当贝果或三明治的涂酱。

 材料

蛋黄酱300克、水果酒1小匙、什锦水田罐头3大匙、柳橙浓缩汁30毫升、柠檬汁15毫升

 做法

所有材料拌匀即可。
注：蛋黄酱做法见P.164。

344│猕猴桃风味酱汁▶

用途：水果风味沙拉酱，也可当贝果或三明治的涂酱。

 材料

蛋黄酱300克、猕猴桃浓缩汁60毫升、柠檬汁10毫升、果糖1大匙

 做法

将所有材料拌匀即可。
注：蛋黄酱做法见P.164。

西式酱料篇 牛排酱

345 | 菲力牛排酱

用途：除了当菲力牛排调味汁，也适用于烹制一般香煎肉类料理。

 材料

牛高汤350毫升、奶油1小匙、葡萄酒30毫升、法式芥末酱1.5小匙、墨西哥辣椒酱1小匙、柠檬汁15毫升、培根1片、红葱头2颗、蒜头3颗、百里香1/5小匙、迷迭香1/4小匙、月桂叶2片、蜂蜜1.5小匙、黑胡椒粗粉1/2大匙、匈牙利红椒粉适量

做法

1. 培根、红葱头、蒜头切碎备用。
2. 奶油入锅煎培根碎，放入红葱头碎、蒜碎、黑胡椒粗粉、月桂叶、百里香、迷迭香炒香。
3. 加入葡萄酒后转小火煮至几乎收干，再倒入牛高汤继续煮开，加法式芥末酱、蜂蜜和匈牙利红椒粉、墨西哥辣椒酱，煮至浓稠即成调味汁。

注：牛高汤做法见P.162。

示范料理 香煎菲力牛排

（材料）
菲力牛排1块(200克)、橄榄油30毫升、盐1小匙、黑胡椒粗粉1小匙、香煎菲力牛排酱适量

（做法）
菲力牛排撒上黑胡椒粗粉和盐，用橄榄油略腌，然后放入锅中两面翻煎至红褐色，将菲力牛排酱淋在牛排上即可。

◀346 红酒菲力牛排酱

用途：由菲力牛排酱变化而来，同样可用作牛排酱，或烤牛肉的佐酱。

材料

牛高汤500毫升、橄榄油少量、奶油2大匙、红酒100毫升、红葱头碎1大匙、罗勒碎适量、面粉2大匙、黑胡椒粗粉适量

做法

1. 红葱头碎炒香，加入红酒煮40秒，再加入牛高汤，转大火边煮边搅拌，煮开改小火，加入黑胡椒粗粉。
2. 奶油烧热与面粉拌匀，慢慢倒入牛高汤煮至浓稠，撒上适量罗勒碎即可。

注：牛高汤做法见P.162。

347 黑胡椒酱▶

用途：除了当牛排淋酱，还能拿来拌饭、拌面或制作炒铁板面，其他用途还有制作黑胡椒炒牛柳。

材料

牛高汤2000毫升、色拉油2大匙、奶油1大匙、动物性鲜奶油3大匙、酱油150毫升、番茄酱2大匙、红葱头碎200克、洋葱碎350克、蒜碎200克、玉米粉水适量、鸡粉1大匙、黑胡椒粗粉70克、白胡椒颗粒40克

做法

1. 黑胡椒粗粉跟白胡椒颗粒烤香备用。
2. 色拉油与奶油先热锅，放入蒜碎、洋葱碎、红葱头碎、酱油炒香，再加入做法1的材料一起炒香，再加入番茄酱、牛高汤煮开，撒入鸡粉，再以玉米粉水勾芡即可。

注：牛高汤做法见P.162。

◀348 蘑菇酱

用途：蘑菇酱用于淋在鳕鱼排或鸡排上都很适合，或者用于搭配牛排或猪排，以及当作意大利铁板面的淋酱也很不错。

材料

牛高汤2000毫升、西红柿糊150克、番茄酱4大匙、西红柿碎200克、口蘑片200克、洋葱丝250克、红葱头60克、蒜头70克、百里香适量、盐适量、黑胡椒粗粉适量

做法

1. 蒜头、红葱头切片爆香，加入西红柿碎、洋葱丝拌炒，再放入口蘑片，倒入西红柿糊、番茄酱，撒上百里香炒至熟软。
2. 倒入牛高汤滚沸20分钟，起锅前加入盐和黑胡椒粗粉即可。

注：牛高汤做法见P.162。

349 洋葱酱汁▶

用途：常用作牛排酱或猪排酱，是牛排馆常出现的酱汁。

材料

牛高汤2000毫升、番茄酱4大匙、西红柿糊150克、西红柿碎200克、红葱头60克、洋葱丝500克、蒜头70克、月桂叶2片、百里香适量、意大利香料2小匙、盐适量、黑胡椒粗粉适量

做法

1. 蒜头、红葱头切片爆香，西红柿碎、洋葱下锅拌炒，倒入西红柿糊、番茄酱、月桂叶，撒上百里香、意大利香料，以中火炒至熟软。
2. 再倒入牛高汤拌煮至滚沸20分钟，起锅前加入盐和黑胡椒粗粉调味即可。

注：牛高汤做法见P.162。

◀350│迷迭香草酱

用途：除了当牛排酱之外，亦可当鸡排的佐酱。

材料

迷迭香1/2大匙、洋葱末1/2大匙、蒜末1/2小匙、A1牛排酱2大匙、高汤100毫升、面粉1/2大匙

做法

1. 热锅，将迷迭香炒香，加入洋葱末、蒜末拌炒均匀。
2. 再加入面粉、A1牛排酱以及高汤拌匀，煮至酱汁滚沸即可。

351│黑椒汁▶

用途：除了当牛排淋酱，还能拿来拌饭、拌面或炒铁板面，其他用途还有制作炒牛柳。

材料

牛高汤250毫升、奶油2大匙、辣酱油1大匙、洋葱碎3大匙、蒜碎2大匙、玉米粉1小匙、糖1小匙、盐 1小匙、黑胡椒粗粉1大匙

做法

用适量奶油将洋葱碎炒至熟软，加入黑胡椒粗粉炒香，再加入其余材料煮滚即可。

注：牛高汤做法见P.162。

◀352│百里香酱

用途：无论是搭配肉类、海鲜都很不错。

材料

动物性鲜奶油50毫升、奶油30克、高汤500毫升、番茄酱2大匙、A1酱1小匙、红酒60毫升、梅林酱油1大匙、月桂叶1片、百里香2小匙、盐适量、黑胡椒粗粉适量、糖适量、玉米粉1小匙

做法

1. 将所有材料除玉米粉外，以小火煮至沸腾。
2. 再以玉米粉勾芡即可。

353│红酒鸡排酱▶

用途：很适合佐煎鸡排的酱汁。

材料

鸡高汤240毫升、奶油2大匙、不甜的红酒4杯、培根200克、蘑菇150克、洋葱2颗、蒜头10瓣、百里香1小匙、月桂叶1片、盐适量、黑胡椒粗粉适量

做法

1. 培根和蒜头切碎；洋葱切丝；蘑菇对半切备用。
2. 锅中加适量油用中火煎炒培根，洋葱与蒜碎、蘑菇入锅煎炒。
3. 将红酒、鸡高汤及百里香、月桂叶入锅煮约10分钟，转成大火，将汤汁略收至浓稠，添加奶油和少许盐及黑胡椒粗粉调味即可。

注：鸡高汤做法见P.162。

354 | 肝酱牛排酱

用途：属于很高级的佐牛排酱汁。

 材料

奶油·····················50克
动物性鲜奶油······10毫升
鹅肝酱·················100克
欧芹碎·····················适量

 做法

将所有材料混合均匀即可。

示范料理 **鹅肝酱牛排**

（材料）
菲力牛排·················2块
橄榄油·················2大匙
盐·····························适量
黑胡椒粗粉···········适量
肝酱牛排酱···········适量

（做法）
牛肉双面涂上少许盐及黑胡椒粗粉略腌，将橄榄油入锅用大火烧热，再加入牛肉煎至5分熟。牛肉起锅后，置于盘内，淋上肝酱牛排酱即可。

355 茄香洋葱酱 ▶

用途：属于排餐类料理使用的酱汁。

材料

蒜头40克、红葱头20克、洋葱片100克、西红柿碎100克、西红柿糊50克、番茄酱4大匙、百里香适量、高汤1000毫升、意大利香料1小匙、月桂叶1片、盐适量、黑胡椒粗粉适量、糖适量

做法

1. 蒜头、红葱头切片爆香，加入西红柿碎、洋葱片拌炒。
2. 加入西红柿糊，撒上百里香、意大利香料中小火炒至熟软。
3. 倒入高汤拌煮至沸腾，续煮20分钟，加入盐、黑胡椒粉、糖即可。

◀ 356 香蒜番茄酱

用途：属于排餐类料理使用的酱汁，特别适合猪排食用。

材料

番茄酱	100毫升
西红柿碎	80克
洋葱碎	40克
蒜末	30克
黑胡椒粉	适量
糖	适量
盐	适量
奶油	50克
高汤	500毫升

做法

1. 热锅，将奶油、洋葱碎、蒜末放入锅中炒香，加进番茄酱、西红柿碎、高汤，以中火煮至沸腾。
2. 再以小火续煮约5分钟，起锅前加入黑胡椒粉、糖、盐调味即可。

357 西红柿罗勒酱 ▶

用途：属于排餐类料理使用的酱汁，特别适合食用鱼排时使用。

材料

西红柿2个、罗勒叶碎20克、意大利香料1小匙、百里香1/2小匙、动物性鲜奶油30毫升、玉米粉1小匙、奶油50克、高汤500毫升、黑胡椒粗粉1/2小匙、盐1/2小匙、糖1/2小匙

做法

1. 西红柿切碎备用。
2. 热锅，将奶油、西红柿碎放入锅中，炒香约2分钟，加入高汤以中小火煮约5分钟。
3. 加入罗勒叶碎、意大利香料、百里香拌匀，再加进盐、黑胡椒、糖调味后，用玉米粉勾芡，再加入动物性鲜奶油即可。

用途：属于排餐类的酱汁，搭配海鲜也很适合使用。

 材料

酸奶200毫升、柳丁2颗、玉米粉水2小匙、糖适量、盐1/2小匙

做法

1. 将柳丁压汁，柳丁皮切碎。
2. 柳丁汁放入锅中煮开后转中火，放入切碎的柳丁皮，以糖、盐调味，再倒入酸奶，最后用玉米粉水勾芡。

示范料理 **吉利炸羊排**

（材料）

羊肩排3块、奶酪片1片、奶酪粉1大匙、蛋1个、面包粉5大匙、面粉2大匙、欧芹碎2小匙、迷迭香1/4小匙、盐适量、黑胡椒粗粉适量、香橙优酪蘸酱适量

（做法）

1. 羊肩排撒上盐与黑胡椒腌渍备用。
2. 奶酪粉、欧芹碎、迷迭香、切碎奶酪片和面包粉一起拌匀备用。
3. 先将腌好的羊肩排依序沾上面粉、蛋液，再裹上做法2的材料，放入170℃的油中炸至两面呈金黄色，将炸好的羊肩排摆盘，附上蘸酱后即可。

359|橙汁鸡腿排酱

用途： 属于排餐类的酱汁，对于鸡肉特别适合使用。

材料

鸡高汤 ·············· 250毫升
白酒 ·····················3小匙
柳橙 ······················· 3个
面粉 ·····················3大匙
糖 ························1小匙
盐 ························1小匙
黑胡椒粗粉 ·········1小匙

做法

柳橙压汁与其他材料拌匀。
注：鸡高汤做法见P.162。

示范料理　橙汁鸡腿排

（材料）
鸡腿肉 ·····················2块
面粉 ·······················适量
橙汁鸡腿排酱 ········适量

（做法）
1. 鸡腿洗净，在鸡腿上划几刀，裹上面粉，锅中入油，将鸡腿煎至两面金黄色。
2. 调味汁倒入做法1的材料，以慢火煮至汤汁呈稠状即可。

 360 美式汉堡酱

用途：属于排餐类料理使用的酱汁，特别适合肉排类使用。

材料

蛋黄酱200克、梅林辣酱油适量、番茄酱180克、芥末酱2大匙、墨西哥辣椒酱适量、酸黄瓜碎25克、洋葱碎4大匙、蒜碎1大匙、盐适量

做法

将所有材料混合拌匀即可。
注：蛋黄酱做法见P.164。

---

361 鲍鱼菇番茄酱

用途：属于排餐类料理使用的酱汁，特别适合肉排类使用。

 材料

蒜头40克、洋葱丝80克、西红柿碎80克、鲍鱼菇片50克、西红柿糊30克、番茄酱4大匙、百里香1/4小匙、高汤1000毫升、茵陈蒿1小匙、月桂叶1片、奶油40克、盐适量、黑胡椒粗粉适量、糖适量

做法

1. 热锅，蒜头切片以奶油爆香。
2. 加入西红柿碎、洋葱丝、鲍鱼菇片以中小火拌炒3分钟。
3. 加入西红柿糊、番茄酱，撒上百里香、茵陈蒿以中小火炒至熟软。
4. 再倒入高汤，以小火拌煮至沸腾，拌煮10分钟，起锅前加入盐、黑胡椒粗粉、糖调味即可。

362 原味奶油酱

用途：属于排餐类使用的酱汁，也很适合海鲜类使用。

 材料

洋葱碎40克、奶油2大匙、橄榄油2大匙、鲜奶油2大匙、牛奶700毫升、面粉1大匙、盐适量、黑胡椒粉适量、糖适量

 做法

1. 热一锅，将橄榄油倒入锅中烧热，放进洋葱碎以中火炒至透明起锅，备用。
2. 另热一锅，将奶油放入锅中融化，再加入洋葱碎、面粉以小火拌炒1分钟，倒入鲜奶油、牛奶混合（边加牛奶边搅拌锅内酱汁）。
3. 最后加入盐、黑胡椒粉、糖调味即可。

---

363 猕猴桃牛排酱 ▶

用途：属于水果风味的排餐类使用酱汁，不宜加热过度，否则会变黑影响料理外观。

 材料

橄榄油2大匙、白兰地2大匙、梅林辣酱油2大匙、猕猴桃汁200毫升、猕猴桃1颗、洋葱1/2颗、蒜头4颗、糖1小匙、黑胡椒粉1小匙

做法

1. 猕猴桃、洋葱切丁，蒜头去皮切碎。
2. 取锅倒入橄榄油，爆香蒜碎、洋葱丁后，加入白兰地、梅林辣酱油、猕猴桃丁、猕猴桃汁和糖，以大火煮开后加入黑胡椒粉拌匀即可。

364 | 芒果猪排酱

用途： 属于水果风味的排餐类使用酱汁，很适合猪肉料理。

材料

鸡高汤240毫升、橄榄油1大匙、梅林辣酱油1大匙、芒果1.5颗、蒜头3颗、红辣椒1个、罗勒碎1大匙、糖1大匙、盐适量、黑胡椒粗粉适量

做法

1. 芒果去皮去核，将一颗打成泥，另外1/2颗切小丁；蒜头切碎；红辣椒去籽切碎备用。
2. 油入锅，用中火炒蒜头碎、红辣椒、罗勒碎，加入鸡高汤、糖、梅林辣酱油煮开转小火，再将芒果泥逐渐加入锅中，边煮边搅动，煮至汁液浓稠，加入盐与黑胡椒粗粉调味，起锅后放入半颗芒果丁。

注：鸡高汤做法见P.162。

示范料理 芒果猪排

(材料)
里脊肉4片、面粉3大匙、盐适量、芒果猪排酱适量

(做法)
1. 将猪排用盐略腌后沾面粉，放入平底锅煎至两面呈金黄色，待肉熟之后置于盘中。
2. 将芒果猪排酱淋浇在肉排上即可食用。

365 | 苹果咖喱酱

用途：属于鱼排类使用的酱汁。

材料

鱼高汤500毫升、橄榄油2大匙、白酒20毫升、苹果1颗、洋葱1/2颗、蒜头4颗、盐1小匙、黑胡椒粗粉适量、咖喱粉1.5大匙

做法

1. 洋葱、蒜头切粒，苹果去皮切粒备用。
2. 取锅放入橄榄油，爆香洋葱粒、蒜头粒，再加入苹果粒拌匀，倒入鱼高汤、白酒，加盐与黑胡椒粗粉，以小火煮15分钟，待汤汁滚沸，放入咖喱粉迅速搅拌均匀，滤出调味汁即可。

注：鱼高汤做法见P.162。

示范料理 **苹果咖喱鲷鱼排**

（材料）

鲷鱼排2块、鸡蛋1个、面粉 3大匙、面包粉3大匙、盐1小匙、黑胡椒粗粉1/2小匙、苹果咖喱酱适量

（做法）

1. 鱼排用盐及黑胡椒粗粉腌10分钟。
2. 鲷鱼两面沾一层面粉，再沾蛋液，然后裹一层面包粉，放进180℃油锅炸至金黄色。
3. 将苹果咖喱酱淋在鲷鱼排上即可。

◀366 | 果香咖喱酱

用途：适合搭配牛肉、猪肉、鸡肉，也可以拿来拌饭、拌面。

材料

苹果1个、胡萝卜丁30克、西芹丁30克、洋葱碎60克、月桂叶1片、鸡高汤500毫升、匈牙利红椒粉1/4小匙、咖喱粉1.5大匙、面粉1小匙、奶油40克、白酒15毫升、牛奶100毫升、水100毫升、黑胡椒粗粉适量、糖适量、盐适量

做法

1. 苹果切块加水打成泥，备用。
2. 热锅，放入奶油以中小火炒香洋葱碎、月桂叶、胡萝卜丁、西芹丁、白酒。
3. 再加入匈牙利红椒粉、咖喱粉、面粉拌炒约2分钟，转小火。
4. 加入鸡高汤、牛奶续煮约8分钟，再加入苹果泥，以黑胡椒粗粉、糖、盐调味，续煮约3分钟即可。

注：鸡高汤做法见P.162。

367 | 香草奶油酱 ▶

用途：用于制作香料虾、香草面包、咸派、土豆派都很好用。

材料

葱碎2大匙、茵陈蒿1大匙、白酒醋50毫升、白酒50毫升、鸡高汤500毫升、西芹碎1大匙、盐适量、黑胡椒粗粉适量、糖适量、动物性鲜奶油60毫升、玉米粉水1小匙

做法

1. 将所有材料除玉米粉水外，以小火煮至沸腾。
2. 再以玉米粉水勾芡即可。

注：鸡高汤做法见P.162。

◀368 | 西红柿松露酱汁

用途：属于排餐类用酱汁，很适合肉排类使用。

材料

牛高汤350毫升、奶油20克、白酒200毫升、番茄酱100毫升、柠檬汁1大匙、水200毫升、火腿60克、松露1颗、口蘑80克、洋葱碎1大匙、蒜末1大匙、欧芹碎2小匙、百里香1小匙、糖1小匙、盐1小匙、黑胡椒粗粉1小匙

做法

1. 松露切碎，口蘑切丝备用。
2. 锅中放入奶油炒香蒜末、洋葱碎、口蘑丝、柠檬汁后，加入牛高汤、白酒、水、番茄酱，用小火微煮到酱汁略收干。
3. 接着加入火腿、松露、百里香、欧芹碎煮开，以糖、盐、黑胡椒粗粉调味即可。

注：牛高汤做法见P.162。

369 | 贝尔风味酱汁 ▶

用途：排餐类用酱汁，很适合海鲜类使用。

材料

奶油50克、白酒150毫升、白酒醋200毫升、蛋黄3颗、红葱头碎1大匙、蒜头碎1大匙、香菜碎1大匙、欧芹碎2小匙、茵陈蒿2小匙、糖适量、盐适量、黑胡椒粗粉1小匙

做法

1. 将白酒、白酒醋、红葱头碎、蒜头碎、1小匙的茵陈蒿、黑胡椒粗粉放入锅中，煮到酱汁略收干，熄火待冷却。
2. 接着加入蛋黄，用打蛋器搅拌至微稠状，再将奶油分次加入蛋黄中，继续用打蛋器搅拌均匀。
3. 最后加入剩余的茵陈蒿和香菜碎、欧芹碎拌匀，以适量的糖、盐调味即可。

烧烤酱

西式酱料篇

370 烤肉酱汁

用途：可以当做烤肉酱，也可以当做一般酱料蘸着
吃或炒青菜用。

材料

梅林辣酱油1大匙、芥末酱2小
匙、柳橙汁120毫升、西红柿
糊2大匙、洋葱1颗、姜碎1大
匙、蒜头2颗、欧芹碎2大匙、
砂糖100克、盐1小匙、黑胡椒
粗粉适量

做法

将洋葱、蒜头切成碎
末，与其他材料用奶油
（材料外）炒煮过即可。

◀ 371 烧烤酱

用途：可以当做烤肉酱，也可以当做一般酱料蘸着
吃或炒青菜用。

材料

苹果醋25毫升、梅林辣酱
油适量、辣椒酱适量、芥
末粉1大匙、番茄酱230
毫升、柳橙汁80毫升、
柠檬原汁40毫升、洋葱2
大匙、蜂蜜20毫升、盐适
量、黑胡椒粗粉1小匙

做法

洋葱切碎，与其他
材料略煮拌匀，待
冷却即可。

372 原味洋葱酱 ▶

用途：除了当烧烤酱使用，亦可当排餐类酱汁，很
适合家禽类料理。

材料

洋葱碎100克、奶油50
克、蒜头碎1大匙、欧
芹碎2大匙、红葱碎50
克、白酒100毫升、高汤
1000毫升、盐1.5小匙、
黑胡椒粗粉1.5小匙、糖
1.5小匙

做法

1. 热锅，放入奶油烧热，将
   洋葱碎炒至呈金黄色，再
   加入蒜头碎、红葱碎炒香。
2. 加入白酒、高汤，以小火煮约
   10分钟。
3. 加入盐、黑胡椒粗粉、糖调味，再撒
   入欧芹碎即可。

373｜巴比烤酱

用途：可以用来搭配肉类或者海鲜烤出漂亮的色泽及香气。

 材料

洋葱碎2大匙、芥末酱1大匙、番茄酱200毫升、辣椒酱1大匙、辣酱油3大匙、盐适量、胡椒适量、蜂蜜30毫升、柳橙汁180毫升、苹果醋50毫升、水250毫升

 做法

将所有材料全部搅拌均匀即可。

示范料理 **牛小排**

(材料)
牛小排……………3片
奶油……………60克

(腌酱)
巴比烤酱……………适量

(做法)
1. 牛小排加入腌酱，均匀腌泡约20分钟。
2. 热锅，放入奶油烧热，以中火烧至8分热，转小火。
3. 将牛小排放入锅中，每面煎约4分钟，至表皮香酥即可。

374 | 花生烤肉酱

用途：串烤食物烧烤涂酱、当作食材的腌酱，或油炸肉类蘸酱均可。

 材料

洋葱碎50克、蒜头末15克、姜末10克、芥末酱2小匙、欧芹碎1大匙、番茄酱4大匙、柳橙汁120毫升、砂糖100克、盐1小匙、黑胡椒适量、梅林辣酱油1大匙、花生酱100克、奶油30克

做法

热锅，放入奶油融化，将所有材料放进锅中拌炒，以小火拌炒均匀即可。

示范料理 猪小排

（材料）
猪小排 ·····················1块
花生烤肉酱 ···········适量

（做法）
1. 将猪小排放入容器，倒入花生烤肉酱，完全盖过猪小排，腌约20分钟。
2. 热油锅，以中火烧至8分热（约180℃）。
3. 将猪小排放入锅中，改成大火，炸约7分钟呈金黄色至熟即可。

375 | 基本蒜香酱

西式酱料

烧烤酱

用途：除当烧烤酱用，也能当排餐类使用酱汁，适合羊排类料理。

 材料

大蒜片50克、橄榄油3大匙、辣椒碎10克、欧芹碎1大匙、白酒80毫升、黑胡椒粗粉适量、糖适量、盐适量、高汤500毫升

 做法

1. 热锅，倒入橄榄油烧热，将大蒜片、辣椒碎炒香，加入白酒、欧芹碎略为拌炒。
2. 再加入盐、黑胡椒粗粉、糖调味即可。

示范料理 **羊小排**

(材料)
羊小排3片、奶油60克

(腌酱)
基本蒜香酱适量

(做法)
1. 羊小排加入腌酱，均匀泡腌约40分钟。
2. 热锅，放入奶油烧热，以中火烧至8分热，转中小火。
3. 将羊小排放入锅中，每面煎约3分钟，至表皮香酥。
4. 取出羊小排，放入已预热的烤箱，以230℃烤约2分钟至8分熟即可。

195

◀376 | 奶香芥末酱

用途：用于蔬菜沙拉、各类三明治、土豆泥或烤鸡胸肉、德式香肠等。

 材料

蒜头碎50克、黄芥末酱40克、动物性鲜奶油50毫升、茵陈蒿1小匙、橄榄油3大匙、芥末籽酱1大匙、白酒50毫升、黑胡椒粗粉适量、糖适量、盐适量、水适量

 做法

1. 热锅，倒入橄榄油烧热，将蒜头碎炒香，再加入黄芥末酱、芥末籽酱略为拌炒。
2. 倒入白酒、动物性鲜奶油一起加热。
3. 再加入茵陈蒿，以盐、黑胡椒粗粉、糖调味即可。

377 | 香草腌肉酱 ▶

用途：适合拿来腌渍肉类，烧烤起来别有一番风味。

 材料

迷迭香粉1/2小匙、甜罗勒粉1/2小匙、意大利香料1/4小匙、酱油30毫升、黑胡椒1克、细砂糖12克

 做法

将所有材料一起放入果汁机内打匀即可。

◀378 | 奶油千层面酱

用途：一般是做千层面料理时调味用。

 材料

奶油2大匙、动物性鲜奶油180毫升、白酱220克、火腿丝120克、蘑菇片20克、洋葱丝30克、红甜椒丝30克、黄甜椒丝30克、意大利香料适量、盐适量、黑胡椒粗粉适量

 做法

洋葱丝以奶油炒香，加入火腿丝及蘑菇片、红甜椒丝和黄甜椒丝续炒，再加入动物性鲜奶油、白酱、盐和黑胡椒粗粉、意大利香料调味成酱汁。
注：白酱做法请见P.201。

379 | 披萨酱 ▶

用途：除了拿来涂烤披萨之外，也可以做焗烤料理。

 材料

鸡高汤8大匙、奶油20克、西红柿糊2大匙、洋葱1/2颗、蒜头2颗、俄力冈1/4小匙、糖1大匙、盐1/3小匙、黑胡椒粗粉1/3小匙

 做法

把洋葱和蒜头切碎，锅烧热，加入奶油炒香，再加入其他材料拌炒均匀即可。
注：鸡高汤做法见P.162。

380|金枪鱼焗烤白酱

用途：拿来做焗烤料理使用。

材料

金枪鱼罐头1罐、动物性鲜奶油80毫升、奶酪150克、白酱180克、豆蔻适量、盐适量、黑胡椒粗粉适量

做法

把金枪鱼和白酱拌在一起，加入豆蔻、动物性鲜奶油、奶酪，并加盐、黑胡椒粗粉调味即可。
注：白酱做法见P.201。

示范料理 **金枪鱼焗乳酪面卷**

（材料）
千层面6片、奶酪丝适量、白酱适量、西红柿丁适量、意大利香料适量、金枪鱼焗烤白酱适量

（做法）
1. 千层面先煮熟放凉，将金枪鱼焗烤白酱卷入面卷里。
2. 在盘子上先放一点白酱，面卷放上去，接着再放白酱，然后撒奶酪丝，放入烤箱以180℃烤至上色。盛盘时以西红柿丁、意大利香料装饰即可。
注：白酱做法见P.201。

381 蛋液调味汁

用途：适合做焗烤蔬菜料理。

 材料

奶酪·····················180克
鸡蛋························2个
盐·························适量
黑胡椒粗粉···········适量

 做法

鸡蛋打散，加入其他材料搅拌成蛋液即可。

示范料理 **焗烤茄子**

(材料)

橄榄油适量、奶酪3大匙、肉酱120毫升、茄子2条、西红柿2颗、洋葱1/2颗、罗勒8片、面粉适量、蛋液调味汁适量

(做法)

1. 西红柿切丁，洋葱、罗勒切成碎末备用。
2. 茄子切成圆片状，先沾一层面粉，再沾蛋液调味汁，以橄榄油煎至两面金黄待凉。
3. 一片茄子上铺一层西红柿丁、洋葱碎、一层肉酱、一层奶酪如此做三次。
4. 放入预热180℃的烤箱中，烤至上色取出，盛盘时以罗勒碎装饰即可。

拌面酱

382 | 红酱

用途：拌面、红烧牛腩，以及各种意大利面都可用此调味。

 材料

鸡高汤1/2杯、奶油50克、白酒1大匙、西红柿2颗、西红柿糊1大匙、番茄酱1大匙、洋葱碎1颗、蒜头6颗、罗勒4片、西芹碎1匙、欧芹碎1匙、月桂叶3片、牛至粉1小匙、意大利香料1小匙

 做法

蒜头与洋葱切碎，与月桂叶一起用奶油炒香，加入鸡高汤、西红柿、罐装西红柿、西红柿糊、番茄酱拌炒一下，再加入其他材料略煮至香味溢出即可。

注：鸡高汤做法见P.162。

示范料理 茄汁鲜虾意大利面

(材料)
意大利直圆面150克、鲜虾2尾、干贝2粒、芦笋（斜切）1支、罗勒叶丝10片、橄榄油2大匙、高汤200毫升、蒜末2瓣、洋葱末20克、红酱150克

(做法)
1. 意大利圆直面放入滚水，煮8~10分钟即捞起；鲜虾去头尾去壳，备用。
2. 在平底锅中倒入橄榄油，放入蒜末炒至金黄色后，放入洋葱末，炒软后加入鲜虾、干贝、芦笋及高汤，再放入红酱以小火煮2分钟。
3. 加入煮熟的意大利直圆面，最后再放入罗勒叶丝拌匀即可。

383 | 意大利茄汁

用途：适合做意大利面的酱汁或是一般干面的淋酱。

 材料

西红柿罐头	1罐
橄榄油	4大匙
意大利香料	适量
盐	适量
黑胡椒粗粉	适量

 做法

取一锅将所有材料放入，以大火煮滚后转小火熬煮一会儿，至茄汁浓稠即可。

384 白酱

用途：可用在拌面、煮浓汤、或是做焗烤料理。

材料

奶油2大匙、鲜奶600毫升、动物性鲜奶油50毫升、白酒1大匙、洋葱碎1/2颗、蒜头2颗、面粉4大匙、西芹碎1/2大匙、欧芹碎1小匙、百里香1小匙、月桂叶1片、俄力冈1/2小匙

做法

蒜头及洋葱切碎，与月桂叶一起用奶油炒香，放入面粉以小火炒香后，加入其余材料拌炒一下即可。

示范料理　蛋黄笔尖面

(材料)
笔尖面150克、白酱150克、奶酪粉20克、高汤200毫升、蛋黄2颗、欧芹末适量

(做法)
1. 笔尖面放入滚水中，煮8~10分钟即可捞起备用。
2. 在平底锅中放入煮熟的笔尖面，加入白酱、奶酪粉和高汤，混合拌匀后，以小火煮约2分钟后关火。
3. 倒入蛋黄快速拌匀，最后撒上适量新鲜的欧芹末即可。

385 菌菇酱

用途：除了适合充当意大利面酱汁之外，也适合搭配不油腻的鸡肉或鱼肉料理。

材料

鸿禧菇50克、金针菇30克、香菇30克、奶油40克、洋葱碎50克、月桂叶1片、蒜头2瓣、低筋面粉4大匙、鲜奶300毫升、动物性鲜奶油50毫升、高汤300毫升、俄力冈粉1/4小匙、欧芹碎1/4小匙、西芹碎40克、白酒30毫升

做法

1. 鸿禧菇、金针菇切段，香菇切片备用。
2. 热锅，融化奶油后放入洋葱碎、月桂叶、蒜头2瓣切碎炒香，再加入低筋面粉炒1分钟。
3. 加入其余的材料，以中小火拌炒2分钟即可。

386 | 青酱

用途：可用于拌面、做沙拉，
也可以拿来做炒饭。

 材料

橄榄油500毫升、白酒1大
匙、乳酪150克、蒜头6瓣、
松子100克、西芹碎1大匙、
欧芹碎2小匙、罗勒碎40
克、黑胡椒粗粉1小匙、俄力
冈1小匙、意大利香料1小匙

做法

将所有材料放入果汁机搅拌
均匀即可。

示范料理 **松子青酱意大利面**

(材料)

意大利面……………80克
蒜末…………………10克
松子……………………5克
青酱……………………2大匙

(做法)

1. 意大利面放入滚水中煮熟后，捞起泡冷水至凉，再
   以适量橄榄油(材料外)拌匀，备用。
2. 热油锅，以小火炒香蒜末，加入松子、青酱及意大
   利面拌匀即可。

387 | 墨鱼酱

用途：适合做意大利面或意式米食。

 材料

墨鱼囊80克、橄榄油40毫升、白酒40毫升、柠檬汁2大匙、水100毫升、洋葱碎4大匙、蒜碎2大匙、月桂叶2片、玉米粉1大匙、糖适量、盐适量、黑胡椒粗粉适量

做法

1. 墨鱼囊挤出墨汁，加入适量玉米粉与水调和备用。
2. 以橄榄油爆香洋葱碎、蒜碎、月桂叶，加入墨鱼汁、白酒、水煮一下，加入玉米粉水勾芡，最后再加入柠檬汁及糖、盐、黑胡椒粗粉调味即可。

示范料理 意大利墨鱼饭

(材料)

米饭······················· 3碗
墨鱼丁···············150克
欧芹碎·················适量
蒜末···················适量
墨鱼酱···············3大匙

(做法)

将锅子加热，放入适量橄榄油，将蒜末爆香后即可放入墨鱼丁略炒，再放入米饭及墨鱼酱，用中火翻炒至熟，盛入碗中，再加上适量欧芹碎即可。

---

388 | 黑橄榄酱汁

用途：除适合做意大利面的酱汁，也是味道特殊的沙拉酱。

 材料

特级橄榄油3大匙、鳀鱼2大匙、黑橄榄20颗、蒜碎2大匙、迷迭香1小匙、盐适量、黑胡椒粗粉1大匙

做法

黑橄榄和鳀鱼、蒜碎、特级橄榄油一起放入搅拌机内搅打成糊状，再加入其余材料略煮即可。

注：橄榄油的作用是为了调整酱汁的浓度。

389 | 蒜味基础酱（清酱）

用途：适合佐海鲜、肉类料理食用，也可以做成中式的热炒酱汁。

材料

鸡高汤250毫升、橄榄油3大匙、白酒80毫升、蒜末5颗、干辣椒1个、欧芹碎1大匙、罗勒丝1大匙、糖适量、盐适量、黑胡椒粗粉适量

做法

1. 蒜头切片；干辣椒切碎备用。
2. 以橄榄油将蒜片、干辣椒碎炒香，加入鸡高汤、白酒、欧芹末、罗勒丝以小火拌炒，再加入糖、盐和黑胡椒粗粉调味即可。

注：鸡高汤做法见P.162。

示范料理 **白酒蛤蜊圆面**

（材料）

橄榄油30毫升、蒜片10克、红辣椒 1 个（切片）、蛤蛎12个、白酒适量、煮熟意大利直圆面180克、罗勒适量、蒜味基础酱60毫升

（做法）

1. 热锅后放入橄榄油加热，将蒜片、红辣椒片入锅爆香。
2. 放入蛤蛎、白酒炒熟。
3. 加入煮熟的意大利圆面与酱汁、罗勒大火快炒1分钟即可起锅装盘。

◀390 | 拿波里肉酱

用途：适合做意大利面、千层面料理，也适合拌饭。

材料

红高汤3000毫升、橄榄油3大匙、红酒200毫升、牛肉泥700克、猪肉泥300克、罐装西红柿2500克、洋葱碎3大匙、胡萝卜碎2大匙、月桂叶2片、糖适量、盐适量

做法

1. 在锅中烧热橄榄油，放入牛肉泥、猪肉泥拌炒。
2. 将牛肉泥和猪肉泥炒至表面微焦，放入其他材料，以小火继续炖煮约3小时即可。

注：红高汤做法见P.162。

391 | 香葱酱汁 ▶

用途：可作为淋酱、蘸酱以及烧煮和拌面的酱汁。

材料

牛高汤500毫升、奶油80克、白酒200毫升、红葱头400克、洋葱碎2大匙、蒜头碎1大匙、香菜碎2大匙、糖1.5小匙、盐1.5小匙、黑胡椒粗粉1.5小匙

做法

1. 红葱头切成厚圆片，用奶油炒至呈金黄色，捞起备用。
2. 另取一锅，放入蒜头碎、洋葱碎炒香，加入白酒、牛高汤，用小火微煮20分钟，再加入红葱头煮一下，以糖、盐、黑胡椒粗粉调味，最后撒入香菜碎即可。

注：牛高汤做法见P.162。

◀392 | 口蘑番茄酱

用途：除当意大利面酱汁，也可当排餐类料理的酱汁。

材料

奶油40克、大蒜片20克、红葱头片20克、洋葱丝50克、新鲜西红柿碎100克、口蘑片60克、西红柿糊50克、番茄酱3大匙、百里香适量、高汤700毫升、盐适量、糖适量、黑胡椒适量

做法

1. 热锅，用奶油爆香大蒜片、红葱头片，再加入洋葱丝、新鲜西红柿碎拌炒。
2. 接着放入口蘑片炒香，倒入西红柿糊、番茄酱，撒上百里香拌炒至熟软。
3. 倒入高汤煮沸，再以中小火炖煮约5分钟，起锅前加入盐、糖、黑胡椒即可。

393 | 茴香酱 ▶

用途：类似白酱的用途，除了做意大利面外，也能稀释做成浓汤，或是焗烤酱。

材料

奶油40克、洋葱碎50克、月桂叶1片、小茴香1小匙、蒜头碎10克、土豆泥70克、低筋面粉2大匙、鲜奶300毫升、动物性鲜奶油50毫升、欧芹碎1/4小匙、西芹碎40克、高汤300毫升、白酒30毫升

做法

1. 热锅后，融化奶油，加入洋葱碎、月桂叶、小茴香、蒜头碎小火拌炒1分钟。
2. 加入土豆泥、低筋面粉继续炒1分钟。
3. 再加入鲜奶、动物性鲜奶油、欧芹碎、西芹碎、白酒、高汤拌炒2分钟即可。

◀ 394 | 山艾香料酱汁

用途：可当意大利面酱汁，亦可用于排餐类调味。

材料

鸡高汤250毫升、奶油50克、白酒100毫升、梅林辣酱油1大匙、A1牛排酱2小匙、番茄酱2小匙、蒜头片2瓣、月桂叶1片、山艾粉1小匙、玉米粉1小匙、水1.5小匙、糖适量、盐适量、黑胡椒粗粉适量

做法

1. 玉米粉与适量水调和。
2. 热锅加奶油，炒香蒜头片，再倒入其他材料煮开，用玉米粉水勾芡即可。

注：鸡高汤做法见P.162。

395 | 莳萝酱 ▶

用途：除了拌面之外，也常用来与鱼类料理搭配。

材料

奶油50克、大蒜片10克、月桂叶1片、白酒100毫升、A1牛排酱2小匙、番茄酱2小匙、梅林酱油1大匙、鸡高汤250毫升、干燥莳萝碎1小匙、盐适量、糖适量、黑胡椒粗粉适量、玉米粉1小匙、新鲜莳萝10克

做法

1. 热锅后放入奶油，将大蒜片加入爆香。
2. 放入月桂叶、白酒、A1牛排酱、番茄酱、梅林酱油、鸡高汤、干燥莳萝碎，以小火煮1分钟。
3. 材料煮沸后，放入盐、糖、黑胡椒粗粉调味，并加入玉米粉勾芡。
4. 起锅前加入切碎的新鲜莳萝增添香味即可。

注：鸡高汤做法见P.162。

396 | 大蒜油汁

用途：除当意大利面酱汁，也可用于排餐类料理。

材料

特级橄榄油500毫升、大蒜8瓣、红辣椒1个、盐适量、黑胡椒粗粉适量

做法

1. 将大蒜剥皮，切成薄片；红辣椒切碎。
2. 平底锅中倒入特级橄榄油，烧热后转小火，加大蒜片煎炸至香味溢出，慢慢转成大火，直到蒜片变色呈金黄色时熄火，以余温将蒜汁烫成略焦黄，加入红辣椒末拌匀，最后撒上盐和黑胡椒粗粉调味即可。

注：可放入玻璃容器，置冰箱冷藏可放1~2周。

397 | 新鲜番茄酱

用途：除了拌意大利面之外，还可拿来当油炸食物、水煮海鲜料理的蘸酱，或是热狗、汉堡的淋酱。

材料

橄榄油60毫升、白酒2大匙、水50毫升、干奶酪2大匙、西红柿350克、蒜头2颗、罗勒20片、盐适量

做法

1. 蒜头切碎，放入锅中用橄榄油爆香。
2. 将西红柿带皮切成块，与白酒、水一起放入锅中，以中火炒至熟软，加入盐调味，起锅前加入罗勒和干奶酪拌匀即可。

398 | 西红柿辣酱

用途：除了拌意大利面之外，还可作为小黄瓜、生菜、烫青菜等的蘸酱。

材料

橄榄油6大匙、水200毫升、鳀鱼50克、去皮西红柿300克、西红柿糊2大匙、洋葱1/2颗、蒜头3颗、黑橄榄2大匙、干辣椒片1小匙、盐适量

做法

1. 洋葱、蒜头、黑橄榄切碎；去皮西红柿沥干切片；鳀鱼沥油切碎；干辣椒片切圈状备用。
2. 洋葱碎与蒜头碎加入橄榄油，炒至洋葱碎呈透明状，再加入西红柿片、西红柿糊与水，小火煮30分钟至浓稠状。
3. 再加入黑橄榄、鳀鱼以及干辣椒片，小火煮一下，加盐调味即可。

399 | 香料酱汁

用途：适合作为意大利面酱汁。

材料

鸡高汤500毫升、奶油50克、动物性鲜奶油120毫升、白酒180毫升、西红柿1个、西红柿糊1大匙、西芹丁3大匙、红椒丁3大匙、蒜碎2大匙、欧芹碎1大匙、意大利香料1大匙、糖适量、盐适量、白胡椒粉适量

做法

1. 西红柿切碎备用。
2. 用奶油炒香西芹丁、红椒丁、蒜碎、白酒，加入西红柿糊、鸡高汤、西红柿碎、意大利香料，以小火煮20分钟。
3. 将做法2全部材料放入果汁机打碎过滤后，倒回锅中，加入动物性鲜奶油拌匀，加入糖、盐、白胡椒粉，撒上欧芹碎即可。

注：鸡高汤做法见P.162。

400 | 意大利香料酱汁 ▶

用途：适合作为意大利面酱汁。

材料

牛高汤	150毫升
奶油	50克
意大利陈醋	1小匙
番茄酱	3大匙
玉米粉	1小匙
意大利香料	2小匙
糖	适量
盐	适量
黑胡椒粗粉	适量

做法

玉米粉用适量水调开，将其他材料煮开后，用玉米粉水勾芡即可。
注：牛高汤做法见P.162。

◀ 401 | 辣茄酱

用途：除当作意大利面酱汁，也可作为玉米脆饼的蘸酱。

材料

橄榄油	1大匙
乌醋	1大匙
西红柿	1颗
青辣椒丝	50克
洋葱碎	2大匙
蒜末碎	1大匙
香菜碎	1大匙
俄力冈粉	1/2小匙
盐	1/2小匙

做法

西红柿切小块，与其他材料混合拌匀即可。

402 | 西红柿薄荷蒜酱 ▶

用途：除了拌意大利面食用之外，也可作为面包条蘸酱或羊排淋酱。

材料

橄榄油	2大匙
西红柿	2颗
蒜头	4颗
薄荷叶	1大匙
盐	1/2小匙
黑胡椒粗粉	适量

做法

1. 将西红柿切丁；蒜头、薄荷叶切碎。
2. 橄榄油热锅，用小火炒蒜碎，加入西红柿丁煮至酱汁滚沸收干后关火，加盐、黑胡椒粗粉、薄荷叶碎调味即可。

西式酱料篇 **抹酱**

抹酱的 About Making the Sauce
制作秘诀

*奶油

奶油只要回温至适当柔软度，利用大匙或打蛋器就可以轻易将它与其他材料调味搅拌融合。如果搅拌时发现奶油不够柔软，可将其置于距离热源稍远的温暖处或太阳晒得到的地方，这样就不必担心奶油会因过热而熔化。切忌将奶油置于烤箱、炉火上以热源加热，或者以微波的方式来软化奶油，因为一旦奶油熔化后就失去其原有的风味与柔软度了。

* 奶油乳酪

乳酪乳酪需要冷藏保存，所以在制作前必须先从冰箱取出使其稍回温软化，以利于之后的搅拌。如果时间不足的话，可以隔水加热的方式来加速奶油乳酪的软化，但切忌不可过度加温，以免奶油乳酪熔化。在搅拌调制时，如果觉得难以将其他材料拌入搅拌成块的奶油乳酪时，可以先用打蛋器将奶油乳酪略微拌打，这样奶油乳酪会变得柔软容易搅拌。

* 蛋黄酱

蛋黄酱虽然质地浓稠，但因为是用色拉油拌打出来的，所以不适合添加太多水或者分量过多的柠檬汁、柳橙汁等酸性果汁。前者在搅打后会产生油水分离的现象，而后者则会将蛋黄酱稀释。在做口味变化时，最好选择浓稠度与蛋黄酱类似的食材或者风味浓郁的粉类食材，这样调制而成的抹酱才可以充分地融合在一起。

* 手工类

面包抹酱必须具有滑顺质感，才能均匀地涂抹在面包上，所以在DIY制作面包抹酱时，必须先将体积大的食材切成小块甚至细末，才能方便涂抹；此外如果使用含水量高的蔬果或金枪鱼罐头等，则要注意将水分挤干或沥干，否则水分太多的抹酱会使面包受潮，影响口感。调制时如果觉得食材太干，可以添加橄榄油、蛋黄酱、奶油或鲜奶油等作为抹酱的黏稠剂或润滑剂；若是咸口味的抹酱，在最后再加适量盐或胡椒调味，则能轻轻带出抹酱的原始美味！

◀403│大蒜面包酱

用途：适合涂抹面包。

材料

奶油1/4块、蒜头4颗、欧芹碎1大匙、俄力冈适量、盐适量

做法

1. 蒜头切成细末炒香放凉。
2. 奶油放室温软化，加入所有其他材料搅拌均匀即可。

404│西红柿大蒜面包酱

用途：是大蒜面包酱的变化抹酱。

材料

奶油1/4块、小西红柿2个、蒜头2瓣、罗勒碎1/2小匙、盐适量、黑胡椒粗粉1小匙

做法

1. 蒜头切碎炒香，小西红柿切丁备用。
2. 奶油放室温软化，加入所有其他材料搅拌均匀即可。

◀405│奶油蒜味酱

用途：涂面包的抹酱，与大蒜面包酱有异曲同工之妙。

材料

奶油300克、红酒2大匙、蒜碎60克、百里香1小匙、欧芹碎1大匙、盐1小匙、黑胡椒粗粉1小匙、匈牙利红椒粉1/2小匙

做法

奶油放室温软化后，和所有其他材料搅拌均匀即可。

◀406 奶油咖喱酱▶

用途：适合涂抹法国面包等较硬的面包。

材料

奶油300克、白酒4大匙、洋葱碎250克、红葱头碎1大匙、糖1小匙、盐1小匙、咖喱粉2小匙

做法

1. 用100克的奶油将洋葱碎、红葱头碎炒至透明状，倒入白酒煮滚至汤汁微干，加入咖喱粉拌匀关火冷却。
2. 将200克软化的奶油、糖、盐放入做法1的材料中搅拌均匀即可。

◀407 百里香味奶油酱

用途：可以作为面包的抹酱及一些香煎类料理的淋酱。

材料

奶油300克、白酒2大匙、法式芥末酱2小匙、柠檬1颗、洋葱碎2大匙、欧芹碎2大匙、百里香2小匙、糖1小匙、盐1小匙、黑胡椒粗粉1小匙

做法

奶油先放在室温中软化，将柠檬压汁，与其他材料(糖、盐、黑胡椒粗粉除外)搅拌均匀，再以糖、盐、黑胡椒粗粉调味即可。

408 欧芹奶油慕斯▶

用途：涂面包、土司，或是作为甜点淋酱。

材料

欧芹(新鲜)细末1大匙、沙拉酱3大匙、鲜奶油1大匙、白胡椒粒1小匙、砂糖1/2大匙

做法

将所有材料混合调匀即可。

◀409│田螺酱

用途：除了当面包抹酱外，也可当作排餐酱汁。

材料

红高汤200毫升、牛油220克、白酒50毫升、鸡蛋1个、干葱头碎2大匙、蒜碎2大匙、西芹碎2大匙、百里香1小匙、糖1小匙、盐1小匙、黑胡椒粗粉1小匙、匈牙利红椒粉1小匙

做法

1. 干葱头碎、蒜碎、西芹碎炒香备用。
2. 牛油打发，加入其他所有材料拌匀即可。

注：红高汤做法见P.160。

410│田螺奶油酱▶

用途：适合抹面包食用。

材料

奶油300克、白酒2大匙、洋葱碎3大匙、红葱头碎1大匙、蒜碎2大匙、百里香1小匙、欧芹碎40克、盐1小匙、黑胡椒粗粉1小匙

做法

将所有材料放入调理机中搅拌均匀即可。

◀411│茵陈蒿芥末籽酱

用途：适合抹面包食用。

材料

橄榄油3大匙、动物性鲜奶油300毫升、白酒50毫升、法式芥末酱70克、芥末籽酱2大匙、蒜碎100克、茵陈蒿1小匙

做法

橄榄油炒香蒜碎，法式芥末酱、芥末籽酱、白酒、动物性鲜奶油入锅加热拌炒，关火后加入茵陈蒿拌匀即可。

◄412 葱香奶油酱

适合抹面包食用。

材料

奶油·················1/4块
干葱(罐头)···········30克
蛋黄··················1个
味醂················1大匙
盐···················适量
胡椒粉···············适量

做法

1. 将奶油放在室温下
   软化备用。
2. 把所有材料一起混
   合搅拌均匀即可。

413 西洋芥末奶油酱 ►

用途 可当作沙拉酱使用。

材料

奶油·················1/4块
芥末酱···············2大匙
蛋黄··················1个
盐···················适量
胡椒粉···············适量

做法

1. 将奶油放在室温下软
   化备用。
2. 把所有材料一起混合
   搅拌均匀即可。

414 甜椒奶油酱

用途 适合抹面包食用。

材料

奶油1/4块、三色甜椒丁各1
大匙、盐适量、胡椒粉适量

做法

1. 将奶油放在室温下软化备用。
2. 把所有材料一起混合搅拌均匀
   即可。

◀415 苹果肉桂奶油酱

用途：拿来抹面包、松饼、贝果都是不错的选择。

 材料

奶油1/4块、苹果1个、糖粉50克、肉桂粉1小匙、柠檬汁1/2个、白兰地1小匙

 做法

1. 奶油放在室温中软化备用。
2. 苹果去皮切丁，和糖粉、肉桂粉、柠檬汁、白兰地及做法1的材料混合均匀即可。

416 酸奶蓝莓酱▶

用途：可直接当甜点吃，或是用于生菜沙拉、吐司抹酱皆可。

 材料

原味酸奶1盒（约300克）、蓝莓酱(颗粒状)2大匙

 做法

1. 将原味酸奶倒入容器打散，使其均匀没有块状。
2. 将蓝莓酱倒入拌匀后即可。

◀417 鳄梨酱

用途：可用于蘸蔬菜条如胡萝卜、小黄瓜、西芹或面包条、墨西哥玉米饼。

 材料

鳄梨1/2个(熟透)约200克、布丁1个(或蛋黄1个)、鲜奶油1大匙、果糖1大匙、牛奶2大匙

 做法

1. 将鳄梨的果肉取下备用。
2. 将所有材料一起用打蛋器或果汁机搅拌均匀即可。

注：如果要做成咸的口味，可将果糖、布丁更改成加入辣椒粉1/3大匙、白糖1/2小匙及盐1小匙拌匀即可。

418 水果奶油酱▶

用途：适合搭配法国面包或贝果食用。

 材料

奶油……………………1/4块
蔓越莓干………………2大匙
乌梅浓缩原汁…………2大匙
果糖……………………2大匙

 做法

1. 将奶油放在室温中软化备用。
2. 把蔓越莓干、乌梅浓缩原汁、果糖和做法1的材料混合均匀即可。

215

◀419 蛋黄乳酪酱

可以用来涂抹面包或贝果。

材料

奶油乳酪	125克
煮熟蛋黄	2个
蒜末	1大匙
味醂	1大匙
盐	适量
胡椒粉	适量

做法

1. 把2个蛋黄用网筛边压边滤至细碎状备用。
2. 把所有材料一起混合搅拌均匀即可。

◀420 金枪鱼乳酪抹酱

可以用来涂抹面包或做成三明治。

材料

奶油乳酪	125克
水煮金枪鱼	1/2罐
洋葱末	1大匙
盐	适量
胡椒粉	适量

做法

1. 将水煮金枪鱼沥干后，用刀切碎备用。
2. 把所有材料一起混合搅拌均匀即可。

◀421 火腿酸奶乳酪酱

可以用来涂抹面包或做成三明治。

材料

奶油乳酪	125克
三明治火腿	2片
原味酸奶	50克
盐	适量
胡椒粉	适量

做法

1. 将三明治火腿用刀切成细丁备用。
2. 把所有材料一起混合搅拌均匀即可。

◄422 小黄瓜蛋黄酱

用途 可以用来涂抹面包或是夹热狗食用。

材料

蛋黄酱200克、
小黄瓜1条、鲣鱼
香松5克

做法

1. 将小黄瓜洗净切成细丁备用。
2. 把所有材料一起混合搅拌均匀即可。

注：蛋黄酱做法见P.164。

423 欧芹蛋黄酱 ►

用途 可以用来涂抹面包或是蘸小点心吃。

材料

蛋黄酱·············200克
三明治火腿·············2片
欧芹末·············1大匙
黑胡椒粉·············1小匙

做法

1. 将火腿片切成细丁备用。
2. 把所有材料一起混合搅拌均匀即可。

注：蛋黄酱做法见P.164。

424 酸奶西红柿蛋黄酱

用途 可以用来涂抹面包或是蘸小点心吃。

材料

蛋黄酱·············200克
原味酸奶·············100克
西红柿·············1个

做法

1. 将西红柿切细丁备用。
2. 把所有材料一起混合搅拌均匀即可。

注：蛋黄酱做法见P.164。

425 酸黄瓜酱汁 ▶

用途：除了当面包抹酱外，也可以做沙拉。

材料

牛高汤400毫升、奶油40克、白酒250毫升、法式芥末酱2大匙、洋葱1颗、酸黄瓜180克、酸豆50克、糖1小匙、盐1小匙、黑胡椒粗粉1小匙

做法

1. 洋葱、酸黄瓜、酸豆切碎备用。
2. 用奶油炒香洋葱碎，加入白酒以小火微煮，再倒入高汤以小火煮20分钟关火。
3. 接着加入法式芥末酱拌匀，以糖、盐、黑胡椒粗粉调味，加入酸黄瓜碎、酸豆碎即可。

注：牛高汤做法见P.162。

◀ 426 红椒酱

用途：此种酱适用于卷饼及煎蛋上。

材料

奶酪丝150克、西红柿汁750毫升、洋葱丁3大匙、蒜头2颗、盐1小匙、辣椒粉1大匙、匈牙利红椒粉1小匙、小茴香粉1/3小匙、俄力冈1/4小匙

做法

蒜头切碎，与其他材料(奶酪丝除外)用中火边搅边煮，加入奶酪丝，改小火略煮一下即可。

427 柠檬奶油酱 ▶

用途：可当作西餐海鲜如烤三文鱼、墨鱼或生菜沙拉的淋酱。

材料

奶油……………100克
柠檬……………1/2个
鲜奶油……………30克
蛋黄酱……………50克
糖粉……………50克

做法

1. 将奶油放在室温中软化备用。
2. 把柠檬皮切末；柠檬果肉压汁与鲜奶油、蛋黄酱、糖粉及奶油混合均匀即可。

注：蛋黄酱做法见P.164。

西式酱料篇 蘸淋酱

428 红酒洋梨调味汁

用途：适合用于烹调水果料理。

红酒430毫升、柳橙1个、柠檬1个、砂糖120克

1. 柳橙、柠檬取皮切细丝，果肉挤汁备用。
2. 取锅倒入红酒，加入做法1的材料与糖，加盖用小火慢炖20分钟，滤出调味汁即可。

示范料理 红酒洋梨

（材料）
西洋梨4个、红酒洋梨调味汁适量

（做法）
1. 西洋梨削皮，保留蒂，从底部挖除核。
2. 西洋梨放入锅中，加入红酒洋梨调味汁以小火慢炖至梨软熟，煮好后浸泡3小时以上使之更入味。
3. 将梨捞出置于一旁，在锅中用大火煮至汁收干一半，淋在梨上即可。

429 百香果炸墨鱼酱

用途：适合搭配海鲜料理食用。

百香果1个、蛋黄酱100克、牛奶150毫升

百香果取果肉，放入热锅中，与牛奶、蛋黄酱以中火拌炒一下。
注：蛋黄酱做法见P.164。

示范料理 百香果炸墨鱼

（材料）
乌贼450克、白酒1小匙、玉米粉3大匙、盐1/2小匙、黑胡椒粗粉适量、百香果炸墨鱼酱适量

（做法）
1. 乌贼洗净，切成圈状，加入盐和黑胡椒粗粉、白酒腌20分钟，蘸上玉米粉，放入油锅炸至金黄色。
2. 乌贼放入百香果炸墨鱼酱略炒拌匀即可。

430|奶酪汁

用途：除可蘸面包棒或法式香蒜面包食用，也可作白酱使用或烹调焗烤料理。

材料

鱼高汤200毫升、奶油10克、牛奶200毫升、奶酪碎1大匙、面粉20克、糖适量、盐适量、黑胡椒粗粉适量

做法

奶油煮至融化，加面粉炒至金黄色，熄火后慢慢加入牛奶搅拌至稠状，倒入鱼高汤煮滚，加入切碎的奶酪碎及其他材料调味，即成奶酪汁。

注：面粉炒后熄火再加鲜奶，可避免结颗粒。

注：鱼高汤做法见P.162。

示范料理 **奶酪汁焗虾仁**

（材料）

虾仁12只、奶油20克、干葱头1小匙、盐适量、白胡椒粉适量、奶酪汁适量

（做法）

1. 虾仁洗净，用滚水烫一下捞起，加盐、白胡椒粉调味，装盘。
2. 用奶油炒干葱头，淋入做法1上。
3. 将奶酪汁淋在做法1上，放入烤箱以上火200℃、下火180℃焗烤15~20分钟，至金黄色即可。

注：焗烤时底盘最好放适量水，有隔水加热的作用。

431 | 酸奶虾球酱

用途：适合搭配海鲜料理食用。

 材料

酸奶……………6大匙
番茄酱…………2大匙
西红柿……………1颗
洋葱……………1/2颗
蒜头……………4颗
糖……………2小匙
盐……………适量

 做法

西红柿、洋葱、蒜头切丁，放入锅中爆香，加入番茄酱、酸奶快速拌炒均匀，再加入适量盐和糖调味。

 示范料理 酸奶虾球

（材料）
虾仁12只、熟青豆仁4大匙、蛋液适量、面粉适量、优酪虾球酱适量

（做法）
将虾仁沾蛋液后，再沾裹面粉炸熟，与熟青豆仁一起放入优酪虾球酱拌匀，装盘即可。

432 | 酸奶奶油

用途：可充当白酱使用，但勿加热太久。

 材料

原味酸奶………200毫升
鲜奶油…………160毫升
砂糖……………4大匙

 做法

全部材料拌匀即可。

433 红酒梨酱 ▼

用途：适合搭配水果食用。

材料

红葡萄酒240毫升、柠檬1/2个、巧克力120克、糖60克

做法

1. 将柠檬取汁与红葡萄酒、糖一起煮20分钟。
2. 隔水加热溶化巧克力，将巧克力淋入做法1的材料即可。

435 口蘑酱 ▼

用途：适合作为油炸料理的蘸酱。

材料

鸡高汤240毫升、动物性鲜奶油120毫升、奶油2大匙、番茄酱3大匙、洋葱1/2颗、口蘑4个、盐适量

做法

1. 洋葱切丁；口蘑切片备用。
2. 将奶油放入热锅炒洋葱丁和口蘑片，再倒入鸡高汤大火煮至浓稠状，加入盐和番茄酱煮一下，离火后倒入动物性鲜奶油即可。

注：鸡高汤做法见P.162。

437 墨西哥家乡酱 ▼

用途：是德墨餐厅相当常见的蘸酱，也可拌意大利面食用。

材料

水70毫升、西红柿2颗、洋葱丁2大匙、小茴香粉1/3小匙、糖1/3小匙、盐1/2小匙、黑胡椒粗粉1/4小匙

做法

1. 西红柿切丁备用。
2. 将西红柿丁加水以中火煮至西红柿熟软，与其他材料一起放入果汁机内完全搅成酱，倒入锅中煮开即可。

434 菠菜酱 ▼

用途：美式蘸酱，适合蘸面包或拌沙拉。

材料

菠菜200克、橄榄油2大匙、原味酸奶120毫升

做法

将菠菜切碎，加入其他材料拌匀。

436 香橙酒蛋黄酱 ▼

用途：是蛋黄酱的延伸变化，也可用来做沙拉。

材料

橘子酒50毫升、荷兰蛋黄酱180毫升、柳橙汁180毫升、柳橙皮碎2大匙

做法

将柳橙汁、柳橙皮碎、橘子酒放入锅中，以小火煮一下，冷却后加入荷兰蛋黄酱拌匀即可。

注：荷兰蛋黄酱做法见P.166。

438 墨西哥酸辣酱 ▼

用途：拿来蘸食墨西哥玉米脆片、法国面包、小饼干等点心，非常美味。

材料

橄榄油1大匙、苹果醋1大匙、西红柿2个、洋葱1颗、蒜头5瓣、红辣椒3个、香菜2大匙、俄力冈1小匙、盐1小匙、黑胡椒粗粉1/2小匙

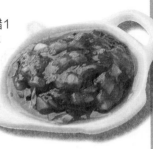

做法

1. 西红柿、洋葱、香菜、蒜头、红辣椒切碎，把其他材料拌入并拌匀。
2. 置入冰箱中冷藏2小时即可，最好可以冷藏一夜，让各种材料都能充分入味。

◀439 南瓜酱

用途：用作点心蘸酱或油炸类食物蘸酱均可。

 材料

南瓜2杯、高汤1杯、牛奶1杯、盐适量、白胡椒粉适量、面粉1大匙、奶油1大匙、洋葱2大匙

做法

1. 南瓜洗净去皮去籽、切块，加高汤煮沸后改中火，续加牛奶煮至熟透备用。
2. 奶油加热溶解，放入洋葱爆香改小火，再倒入面粉略炒盛起，放入南瓜汤汁中续煮（汁不够可加适量牛奶或高汤）。
3. 煮至浓稠后加入盐及白胡椒粉，盛起倒入果汁机搅匀即可。

440 什锦奶油坚果酱▶

用途：可以蘸面包、土豆片或饼干吃，也可以直接当面包抹酱使用。

 材料

奶油300克、白酒2大匙、杏仁50克、核桃50克、腰果50克、欧芹碎1大匙、百里香1小匙、盐1小匙、黑胡椒粗粉1小匙

 做法

1. 杏仁、核桃、腰果等坚果放入烤箱以160℃烤出香味，取出冷却后，放入调理机打碎。
2. 将软化的奶油与盐、黑胡椒粗粉、百里香、欧芹碎、白酒和做法1拌匀即可。

◀441 意大利式甜菜酱

用途：可以蘸面包、土豆片或饼干吃，也可以直接当面包抹酱和意大利面酱汁使用。

 材料

鸡高汤750毫升、酱油1大匙、南瓜240克、甜菜240克、洋葱1颗、蒜头4瓣、百里香1小匙、迷迭香1小匙、罗勒1大匙、玉米粉2小匙、盐1/3小匙

做法

1. 南瓜、甜菜、洋葱切丁；蒜头切碎，玉米粉先与适量水调开备用。
2. 所有材料(玉米粉除外)放入热锅中煮约60分钟，至蔬菜熟软后，将所有材料倒入果汁机打碎，再倒入锅中煮开，最后加入玉米粉水勾芡即可。
注：鸡高汤做法见P.162。

442 甜酸酱汁▶

用途：适合与炸鸡，炸鱼或肉丸等一同食用。

 材料

鸡高汤500毫升、红酒醋60毫升、酱油30毫升、洋葱碎80克、姜碎5克、红辣椒末70克、玉米粉25克、糖170克、盐适量、黑胡椒粗粉适量

 做法

1. 鸡高汤倒入锅中，加入糖和酱油煮至糖溶解，倒入玉米粉搅拌至浓稠。
2. 酱油、洋葱碎、红辣椒末和姜碎放入做法1的材料中慢火略煮，加入红酒醋煮开，再加入盐和黑胡椒粗粉调味即可。
注：鸡高汤做法见P.162。

◀443 芥末酱汁

用途：可以用来蘸各种蔬菜棒、饼干、脆棒或是做沙拉。

材料

牛高汤 ·············· 300毫升
动物性鲜奶油··· 250毫升
法式芥末酱 ··········2大匙
糖 ·····················1.5小匙
盐 ·····················1.5小匙
黑胡椒粗粉 ·······1.5小匙

注：牛高汤做法见P.162。

做法

将牛高汤、动物性鲜奶油倒入锅中，以小火微煮至浓稠状熄火，接着加入法式芥末酱拌匀，以糖、盐、黑胡椒粗粉调味即可。

444 蜂蜜芥末酱▶

用途：除了当沙拉酱拌沙拉食用外，也可以蘸面包吃。

材料

橄榄油 ··············2大匙
法式芥末酱 ·········350克
芝麻酱 ··············60克
柠檬 ·······1/2个（取汁）
蜂蜜 ··············120克

做法

将全部材料混合拌匀即可。

445 辣酱汁▼

用途：也适合拌意大利面吃，亦可当排餐类料理的酱汁。

材料

鱼高汤200毫升、西红柿260克、玉米粉1小匙、匈牙利红椒粉1小匙、辣椒粉2小匙、咖喱粉1小匙、糖适量、盐适量、黑胡椒粗粉适量

做法

锅中放入鱼高汤和西红柿块煮开，加入辣椒粉、咖喱粉、匈牙利红椒粉略煮，加入适量调开的玉米粉勾芡，再以糖、盐、黑胡椒粗粉调味即可。

注：鱼高汤做法见P.162。

446|奶油酱汁 ▶

用途：不管是焗烤或是加到意大利面里面都很适合。

材料

橄榄油……………………2大匙
动物性鲜奶油………3大匙
奶油……………………2大匙
牛奶……………………150毫升
洋葱……………………1/2颗
面粉……………………3大匙
盐………………………适量
黑胡椒粗粉…………适量

做法

1. 洋葱切碎，放入橄榄油，以中火炒至洋葱透明，起锅备用。
2. 奶油入锅用小火加热，加入筛过的面粉炒匀，将已炒香的洋葱、牛奶分数次倒入锅内混合，边倒牛奶边搅拌锅内酱汁以防结块，最后加入动物性鲜奶油、盐、黑胡椒粗粉调味即可。

◀ 447|干辣椒酱

用途：不论是炒菜、拌面还是煮汤面时放一些在汤里都很适合。

材料

水…………………………750毫升
蒜头………………………4瓣
干辣椒……………………80克
小茴香粉………………1/3小匙
盐…………………………2小匙

做法

蒜头切碎，干辣椒用热水泡软，与其他材料在果汁机内完全搅成酱，倒入锅中煮开即可。

448|辣奶酱 ▶

用途：也可以当意大利面酱汁使用。

材料

鸡高汤…………350毫升
奶油…………………220克
牛奶…………………240毫升
青辣椒丁…………3大匙
面粉…………………50克
盐…………………1/2小匙

做法

先将奶油融化，加入牛奶、鸡高汤及面粉搅拌均匀，加入青辣椒丁和盐边搅边煮成浓稠状即可。

注：鸡高汤做法见P.162。

◀449│奶油柠檬酱汁

用途：适合搭配海鲜料理食用。

材料

奶油	150克
动物性鲜奶油	80毫升
柠檬汁	2大匙
柠檬皮碎	1小匙
水	150毫升
玉米粉	1小匙
糖	适量
盐	适量
白胡椒粉	适量

做法

1. 玉米粉先与适量水调匀备用。
2. 将其他材料煮开，用玉米粉水勾芡即可。

450│柠檬蜂蜜酱▶

用途：可以直接加水冲泡来喝，或加在红茶里、蘸面包吃都很适合。

材料

酱油	2大匙
柠檬	1个
水	适量
蜂蜜	6大匙
辣椒粉	1小匙
黑胡椒粗粉	适量

做法

柠檬榨汁，与其他材料一起加热煮沸即可。

◀451│覆盆子酱汁

用途：适合搭配牛排或烤羊肉等肉类食用。

材料

覆盆子泥	150克
红酒	600毫升
红酒醋	20毫升
肉桂粉	1/2小匙
玉米粉水	2小匙
细砂糖	40克
盐	适量
白胡椒粉	适量

做法

1. 锅中放入细砂糖、红酒醋煮一下，再加入红酒、肉桂粉煮至呈糖浆状。
2. 接着加入覆盆子泥、盐、白胡椒粉煮滚，以玉米粉水勾芡即可。

sauce

日韩 东南亚 酱料篇

日韩东南亚酱料的基本材料

胡椒粉

黏稠的酱料如果加入颗粒较粗的胡椒粒，尝起来就会有特殊的口感。水分较多的酱料如果要加胡椒粉的话，最好加颗粒很细的胡椒粉末，因为粉末可以完全溶解，让胡椒味道彻底遍布整个酱料。水分较多的酱料如果加的是颗粒较粗的胡椒粒，胡椒粒容易沉淀在底部，造成浪费。

咖喱粉

是用多种香料调制成的特殊调味料，用途广泛，可以夹面包、做烩饭、烩菜的淋酱或者调入酱料中增加酱料的香味。咖喱的种类繁多，香味也各有不同，大致可分为辣和不辣两种，可依个人口味选择。在包装上则可分为咖喱粉和咖喱块两种。不管是哪一种咖喱，都需要经过长时间拌炒才能把它的香味完全发挥出来。用咖喱粉配置酱料时，直接加入搅拌并不能增加太多香味，最好是先炒香了再将咖喱粉拌酱料，或者是把整个酱料先煮开再用小火加热再加入咖喱粉至香味溢出为止。

五香粉

是烹饪中常用的香料，其实它本身除了香味，吃起来是没有味道的，所以主要用来提味。例如在油炸食物撒一点五香粉或在食物的内馅拌入五香粉，食物本身的味道就会突显出来，而不会被油味或是面皮的味道掩盖住。调制酱料时，要注意把五香粉调开，如果是浓稠的酱料，五香粉不容易化开，可以先用水或米酒泡开再加入酱料。五香粉不需加热就很香，用量不宜过多，否则会因为太浓破坏食物的美味。

花椒粉、山椒粉

花椒是香味特殊的一种辣味调味料，通常是整颗使用，也可以磨。在使用前，用温火炒过，花椒会特别香。制作酱料时，花椒粉可以直接拌到酱料里面去，如果是使用颗粒状的，可以直接泡到酱料里，或是加水先熬成汁再过滤使用。选购花椒时，颗粒大，外皮紫红，感觉有一点光泽，才是品质好的花椒。山椒其实就是山葵，也就是芥末的原料，味道和芥末差不多。通常山椒会切成片状，像辣椒一样使用。磨成粉状之后，可以直接撒在食物上，或者拌湿当辣酱使用。当然也可以和其他酱料调在一起使用。

甘草粉、肉桂粉、陈皮、八角、茴香粉

这些中药调味料在一般中药店就可以买到，而且价钱很便宜。这些调味粉常被用来调制酱料，但是有一个很重要的原则要把握，

就是不能放太多或是煮太久，不然就会让酱料产生浓烈的药味，反而很难入口。加入这些材料的酱料一定要煮过，味道才会释放出来。除了甘草粉外，多半在制作肉类调味料的时候才会利用到这些口味比较重的材料。至于甘草粉，多拿来做米酱一类带有甜味的酱料。

香草粉

不要以为只有在做甜点的时候才会用到香草粉，其实在许多浓稠的沙拉里都可以加入适量香草粉，会让沙拉多了一份香草的香味。另外有许多需要加鲜奶油的西式酱料，也可以加入微量的香草粉，让人吃出完全不同的感觉。到哪里可以买到香草粉呢？除了一般的西点材料店和大型超市之外，在一般传统市场的杂货店，也可以很容易买到香草粉或是香草片。香草片像胃药一样大小，买回来之后用汤匙辗碎，就是香草粉了。

花生粉

现在许多自助火锅，都采用家人自己调酱料的方式，让客人可以自由发挥。其中，花生粉是很常见的材料。因为是粉末的关系，花生粉可以吸收酱料中的水分，增加酱料的浓稠度，而花生的香味很浓，使得许多刺激性强的调味料吃起来也比较温和，所以它有缓和味觉过分刺激的功能。不过，有些酱料就是要清淡才能够衬托食物的原味，像涮肉片或一些白煮的肉类就是如此，这时候如果加花生粉就不太适合了。

椰子粉

通常来说，椰子粉在烘焙食物的时候用得比较多，中式料理中，也是制作甜点类的时候使用较多，不过椰子粉也可以拿来调味，这样制作出来的菜肴或酱料颇有东南亚风味。外面卖的椰子粉，有甜的和不甜的两种。在使用上，不甜的椰子粉在味道的控制上会比较容易，也相对便宜。另外，椰子粉还有粗细之分，如果不是要刻意强调酱料粗糙的口感，只要用最细的就可以了。由于椰子粉会沉淀，所以比较适合浓稠的酱料，一方面椰子粉不会沉到最下面，另一方面也可以减少椰子颗粒的粗糙感，吃起来比较顺口。

蛋

最常被使用在蘸火锅的酱料里。因为蛋液可以有效保护食管，不让滚烫的火锅料伤到食管。另外蛋的浓稠性也是做沙拉的优良辅助，所以挑选新鲜浓稠性高的蛋，是调制沙拉的首要任务。利用蛋所调制的酱料，新鲜度很重要。最好不要一次做太多，想吃的时候再做是比较好的方式。

蛋的新鲜与否很容易判定，当蛋打开来，发觉蛋黄坚挺，形状完整，同时蛋清呈现透明的浓稠状，就表示这个蛋是新鲜的。如果发觉蛋清是稀释的水状，同时蛋黄很容易破裂，就表示这个蛋已经放了有一段时间了。不是很新鲜的蛋可以拿来做煎蛋或煮蛋比较安全，拿来制作酱料则不但危险，同时也会影响酱料的口感。

不过要特别注意的是，蛋内富含胆固醇，所以拿来制作酱料的时候要留意，不要在不知不觉中吃下太多酱料，以致摄取过多的胆固醇。

香菇

中式酱料里常用到香菇。因为香菇可以提供一种温和的香味。调制酱料的时候最怕的是香味过重，盖过了食物本身的味道。香菇温和的香味，刚好符合中式料理的要求，所以制作酱料时，如果你觉得酱料少了一点香味，或是希望酱料吃起来有咀嚼的口感，不妨把剁碎的香菇细末加进去一起调制，这样做好的酱料既浓稠又有清香。

虾米

加了虾米的酱料多了一种海产的鲜味。虾米因为经过晒干的处理过程，所以在使用前要先浸泡开来，同时要先用热油爆过，才能把味道爆出来。因此只有在有油的酱料中，我们才会使用虾米，否则虾米的香味和酥脆口感就出不来。

豆豉

的用途广泛，一般是用在炒菜、炒肉丝、炒豆腐、清蒸鱼等。豆豉的风味独特、味道甘甜，使用时最好不要和其他味道太重的香料合用，以免味道互相干扰。用在酱料调味时，最好要经过熬煮，这样豆豉的美味才能完全融入酱料之中。厨房常用的豆豉，通常是便利商店卖的那种玻璃罐装的，或是传统杂货店秤重卖的豆豉。这两种都是经过调味的，而且严格来说应该称作荫豉，因为这和中药店的淡豆豉不太一样。不同品牌的荫豉味道多少有点不同，可以依个人喜好选用。

豆腐乳、荫末、海带酱

酱菜和酱料一直是密不可分的，因为制作酱料和酱菜的原料有许多相似之处，而且酱菜往往还可以拿来制作酱料。比如豆腐乳就是很好的例子。吃羊肉火锅的时候，只要用豆腐乳加上适量开水、糖、香菜末、豆瓣酱，仔细调匀就是很好吃的羊肉蘸料。利用酱菜来调制酱料的原则很简单，一定要加糖，尽量少用酱油，还有最好加入葱末或是香菜末，这样调制的酱料就会比较好吃。

柴鱼高汤

●材料

水 ……………………1000毫升
海带…………………10厘米
柴鱼片………………30克

●做法:

1. 将海带表面的灰尘用拧干的湿纱布拭净。海带上附着的白粉勿擦掉，其为海带鲜美味道的来源。
2. 锅中注入1000毫升水，将海带浸泡水中30分钟以上，再用中火慢慢煮至沸腾之前将海带取出，转小火，加入柴鱼片煮约30秒，捞除浮沫，静置1~2分钟，让柴鱼片自然沉入锅底。
3. 在滤网上铺放纱布，将高汤过滤，即为柴鱼高汤。

鲜鱼鱼杂高汤

●材料

水 …………………2000毫升
海带…………………20厘米
鱼杂…………………500克

●做法:

1. 将鱼杂切块，撒上盐，放置30分钟后洗净，放入烤箱烤除多余水分，至呈现焦黄色。
2. 锅中注入2000毫升的水、海带与鱼杂，用大火煮至沸腾前将海带取出，改用小火煮25分钟左右，捞除浮沫。
3. 最后将煮好的高汤用纱布过滤即可。

鸡骨蔬菜高汤

●材料

水 …………3000毫升
鸡骨………………500克
海带……………20厘米
洋葱……………1颗
胡萝卜…………1根
圆白菜…………半颗
姜………………适量
葱………………适量

●做法:

鸡骨放入滚水中余烫后，用水冲洗干净，与其他材料连同3000毫升的水放入锅中煮开后取出海带，转小火，其间捞除浮沫，煮约60分钟后，待汤汁剩2/3的量时，用纱布过滤即可。

日韩 东南亚酱料篇 凉拌酱

◀452│和风沙拉酱汁

用途：可作为一般沙拉的淋酱。

 材料

橙醋200毫升、色拉油50毫升、醋25毫升、黄芥末粉1大匙、胡椒粉1小匙、苹果1/2个、洋葱1/4颗、盐3/4小匙、细砂糖3/4大匙

 做法

1. 苹果去皮、去籽，磨成泥取果汁；洋葱磨成泥取汁液。
2. 将做法1的材料与其余材料混合均匀即可。

注：橙醋做法见P.240。

453│紫苏风味沙拉酱汁▶

用途：可用于一般的沙拉或冷面淋汁。

 材料

A 土佐醋…………150毫升
　色拉油…………50毫升
　黄芥末籽酱………10克
B 青紫苏……………2片
　圣女果……………2颗

 做法

1. 青紫苏切丝，圣女果切小丁备用。
2. 材料A调和均匀后，加入做法1中拌匀即可。

注：土佐醋做法见P.235。

◀454│芥末籽沙拉酱汁

用途：可作为一般沙拉的淋酱。

 材料

柴鱼高汤……………50毫升
酱油…………………60毫升
油醋…………………200毫升
味醂…………………40毫升
芥末籽酱……………10克
苹果…………………1/2个
柠檬汁………………15毫升

 做法

将苹果去皮、去籽，磨成泥，过滤取汁后，与其余材料混合拌匀即可。

注：油醋做法见P.235；柴鱼高汤做法见P.232。

455│味噌沙拉酱汁▶

用途：适合作为西兰花、芦笋或经水煮后根茎蔬菜的淋酱。

 材料

A 醋………………100毫升
　橄榄油…………90毫升
　盐………………1小匙
　砂糖……………2大匙
B 酱油……………1.5大匙
　味噌……………50克
　辣椒酱…………1大匙

 做法

将材料A、材料B分别拌匀，再将两者混合，充分搅拌均匀即可。

◀456 土佐醋

用途：土佐醋是调制各种醋物的基底，可做醋拌或凉拌料理，因添加了柴鱼的鲜味，使醋汁更加柔和。

材料

A 柴鱼高汤 ………60毫升
　淡口酱油 ………60毫升
　醋 …………100毫升
　味酥 …………40毫升
　砂糖 …………20克
B 柴鱼片 …………10克

做法

将材料A煮开后，加入柴鱼片煮一会儿熄火，待柴鱼片沉入锅底过滤即可。

注：柴鱼高汤做法见P.232。

457 油醋▶

用途：可作为调配沙拉的基本酱汁。

材料

醋 …………100毫升
色拉油 …………90毫升
胡椒 …………适量
砂糖 …………1/2大匙
盐 …………1/2小匙

做法

将所有材料混合均匀即可。

◀458 醋味噌

用途：适用于各式凉拌或制作其他醋物的拌酱。

材料

醋 …………1.5小匙
白味噌 …………50克
黄芥末酱 …………1小匙
芝麻酱 …………30克
蛋黄 …………1个
紫苏梅肉 …………1小匙
砂糖 …………1大匙

做法

所有材料混合，用隔水加热的方式搅拌至光滑细柔即可。

459 黄芥末醋味噌▶

用途：适合用于拌葱、贝类、海藻等清淡素材的醋物上。

材料

醋 …………1大匙
玉味噌酱 …………150克
黄芥末酱 …………2小匙

做法

所有材料调拌均匀即可。

注：玉味噌酱做法见P.263。

◀460│芝麻醋酱

用途：用于凉拌青菜或做一般淋酱皆可。

材料

玉味噌酱……………30克
土佐醋……………30毫升
熟芝麻……………15克

做法

将熟芝麻研磨成碎粒，加入玉味噌搅拌后，慢慢加入土佐醋混拌均匀。

注：玉味噌酱做法见P.263；土佐醋做法见P.235。

461│发菜醋汁◀

用途：发菜为海藻植物，醋拌发菜常出现于日本料理的单点菜单中，为人气开胃菜，或作为宴席中的醋物。

材料

柴鱼高汤………100毫升
酱油……………10毫升
醋………………33毫升
味醂……………13毫升
砂糖……………13克

做法

将所有材料混合均匀后煮至糖溶化，即可熄火，冷却即可。

注：柴鱼高汤做法见P.232。

◀462│甘醋汁

用途：用于根茎为主的蔬菜上，亦可用于口味清淡的鱼贝类上。

材料

柴鱼高汤………100毫升
淡口酱油…………1小匙
醋………………1.5大匙
盐…………………适量
砂糖………………1大匙

做法

将所有材料放入锅中煮开后，立即熄火，放凉即可。

注：柴鱼高汤做法见P.232。

463│生姜醋▶

用途：可蘸食蟹类，亦可淋于蟹肉做成的凉拌淋酱。如不加姜泥，可做醋拌章鱼的淋酱。

材料

A 高汤100毫升、酱油16
　毫升、醋33毫升、米酒
　33毫升、味醂33毫升
B 柴鱼片10克
C 姜泥适量

做法

将材料A煮开后加入柴鱼片，熄火过滤，冷却后加入姜泥即可。

◀464│寿司姜甘醋汁

用途：可利用这道甘醋汁做寿司酱。先将150克的嫩姜切斜
片，氽烫去涩，再漂水沥干，装入容器中，注入甘醋汁
浸泡30分钟以上即可食用。

 材料

水·················100毫升
醋·················65毫升
盐·················适量
砂糖················50克

 做法

将所有材料放入锅中，以中火煮
至糖溶化后，放凉即可。

465│二杯醋▶

用途：用于口味清淡的鱼贝类料理的淋酱，或作为预先调味
的腌醋汁或醋洗之用。

 材料

柴鱼高汤···········50毫升
淡口酱油···········40毫升
醋·················50毫升

 做法

所有材料混合，用隔水加热的方
式搅拌至光滑细柔即可。

注：柴鱼高汤做法见P.232。

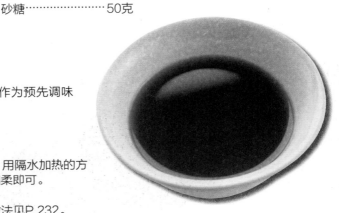

◀466│三杯醋

用途：用于鱼贝类、蔬菜类等的醋物上。

 材料

柴鱼高汤···········50毫升
淡口酱油···········18毫升
醋·················18毫升
味醂···············18毫升

 做法

将所有材料放入锅中煮开
后，立即熄火放凉即可。

注：柴鱼高汤做法见
P.232。

467│醋冻▶

用途：可淋于醋物或蛤蜊、涮牛肉的沙拉上。

 材料

橙醋················100毫升
柴鱼高汤···········20毫升
苹果汁·············20毫升
吉利丁片············4克

 做法

1. 将吉利丁片放入冰水泡软，沥干水
   分，再隔水加热，使吉利丁片融化。
2. 将橙醋、高汤、苹果汁混合煮开，
   加入做法1的材料拌匀，放入冰箱冷
   藏，待完全凝固后即可取出使用。

注：橙醋做法见P.240；柴鱼高汤做法见P.232。

468|加减醋

用途：可以在醋汁里加入适量高
汤，调和醋的酸味，享受
醋物的清爽，做成醋拌蔬
菜都不错。

材料

柴鱼高汤…………50毫升
淡口酱油…………15毫升
醋…………………20毫升
味醂………………20克

做法

所有材料混合煮开
后，立即熄火，
待冷却即可。

注：柴鱼高汤做
法见P.232。

示范料理 醋汁淋鳗香

(材料)
蒲烧鳗………………… 1/2条
小黄瓜…………………1条
干燥海带芽…………6克
姜丝……………………适量
白芝麻…………………适量
加减醋…………………适量

(做法)
1. 将蒲烧鳗放入烤箱以180℃烤至
   焦酥，切成4厘米长条状；海带
   芽泡入水中使其膨胀后，充分沥
   干备用。
2. 小黄瓜去头、尾，用盐搓洗后，
   用水冲去盐分，放入滚水中氽
   烫至翠绿，泡入冰水中，捞起对
   切，掏除籽粒，再切成薄片，泡
   入1%的盐水中5～10分钟，充
   分扭干水分。
3. 取一小碟，将海带芽、小黄瓜、
   蒲烧鳗摆上，撒上白芝麻，放入
   姜丝，淋入加减醋即完成。

◀469│蛋黄醋

用途：用于口味清淡的鱼贝、虾类、章鱼、蔬菜等的淋
　　　酱、拌酱。

 材料

蛋黄·····················60克
醋·······················30毫升
盐·······················适量
砂糖·····················30克

做法

所有材料混合，用隔水加
热方式搅拌至水分收干，
呈现浓稠状，即可用细筛
网过滤，使之更细密。

470│梅肉蛋黄醋▶

用途：可用来蘸涮涮锅的肉片或制作凉拌小菜。

 材料

蛋黄醋·················100克
梅肉酱·················10克

 做法

蛋黄醋里加入梅肉酱混合均匀即可。

◀471│柴鱼酱汁

用途：除了凉拌菠菜、洋葱之外，还可以拿来蘸凉面吃，
　　　或炒乌龙面。

 材料

A
海带·····················10厘米
柴鱼片···················20克
凉开水··················1250毫升
B
酱油·····················50毫升
味醂·····················50毫升

 做法

1. 海带擦干净后，放入凉开水
　中，用中小火煮，在沸腾前
　即取出海带并熄火。
2. 做法1的材料中放入柴鱼片，
　再过滤汤汁。
3. 取做法2的汤汁250毫升和材
　料B一起搅拌均匀，煮滚后放
　凉即可。

472│山药泥酱▶

用途：日式口味的凉拌酱汁，也可以当荞麦凉面酱汁使用。

 材料

山药·····················1根
柴鱼高汤·················140毫升
糖·······················20克
酱油·····················20毫升
味醂·····················20毫升
苹果醋···················60毫升

 做法

1. 山药磨成泥状备用。
2. 把所有材料一起混合搅拌均匀即
　可。

注：柴鱼高汤做法见P.232。

◀473|橙醋

用途：用于涮涮锅、薄片生鱼片、生牛肉、清蒸鱼时的鱼肉蘸酱，亦可调和沙拉酱汁、火锅蘸酱，用途广泛。

 材料

A 酱油 ················· 90毫升
米酒 ················· 180毫升
味醂 ················· 25毫升
B 柳橙原汁 ······ 100毫升
柠檬汁 ············· 80毫升
C 柴鱼片 ············· 12克
海带 ··············· 15厘米

 做法

米酒烧除酒精后，加入味醂、酱油煮开，熄火待冷却后，加入材料B调和，再将材料C放入，常温中置放3日后取出海带，7日后过滤即可。

注：不使用醋而是以柑橘的酸来代替，清香爽口，是调制各种混合醋的基底。

474|梅肉拌酱▶

用途：可作为小菜、醋物的拌酱。

 材料

白拌酱 ················· 50克
梅肉 ··············· 1/2大匙

 做法

将所有材料混合均匀即可。

注：白拌酱做法见P.241。

◀475|芝麻白拌酱

用途：是白拌酱的变化，用法跟白拌酱相同，只是味道多了芝麻香。

 材料

白拌酱 ················· 50克
芝麻酱 ················· 20克

 做法

所有材料混合均匀即可。

注：白拌酱中加入芝麻酱，使得口味更加浓醇香；白拌酱做法见P.241。

476|梅醋沙拉酱汁▶

用途：可用于豆腐沙拉、土豆沙拉、鳄梨沙拉等。

 材料

油醋 ···············60毫升
梅肉 ··············· 1/2大匙

做法

所有材料调和均匀即可。

注：油醋做法见P.235。

477|白拌酱

用途：可作为一般料理的拌酱。

材料

木棉豆腐……………100克
淡口酱油…………18毫升
味噌…………………1大匙
细砂糖………………33克
鲜奶油………………67克

做法

豆腐煮过，沥干水分，放入筛网用手压碎至细腻，与其他材料混合搅拌至细致滑润为止。

示范料理 **皇帝豆拌白酱**

（材料）
皇帝豆……………30克
新鲜香菇…………2朵
魔芋………………70克
金针菇……………30克
枸杞子……………3颗
白拌酱……………适量

（煮汁）
日式高汤……500毫升
酱油………………1/4小匙
酒…………………1/2小匙
盐…………………1/3小匙

（做法）
1. 将煮汁煮开，放凉备用。
2. 黄帝豆放入滚水余烫至熟，泡入冰水中冷却，剥除皮壳，取适量煮汁浸泡备用。
3. 将香菇洗净，切长条薄片；金针菇去蒂，切成3厘米长，洗净，与适量煮汁煮至柔软，放置冷却。
4. 魔芋切成长条薄片（约3厘米长），放入滚水中余烫约3分钟，移入适量煮汁里浸泡备用。
5. 将以上材料充分沥干水分与白拌酱拌合，盛入小碟中，放上枸杞子装饰即可。

478|凉拌蔬菜淋汁

用途：适用于菠菜等绿色叶菜的凉拌。

材料

柴鱼高汤…………100毫升
酱油………………30毫升
味醂………………20毫升

做法

所有材料混合煮开后，熄火待凉，移入冰箱冷藏即可。

注：柴鱼高汤做法见P.232。

 ◀**479**|柚香酱油沙拉酱汁

用途：可作为一般沙拉的淋酱；添入柚子粉可使酱汁增添香气。

材料

A 橙醋…………100毫升
　色拉油…………50毫升
　柠檬汁……………适量
B 柚子粉…………1/2小匙

做法

将材料A混合均匀，再撒上柚子粉即可。

注：橙醋做法见P.240。

480|柳橙沙拉酱汁▶

用途：可搭配什锦海鲜沙拉或一般生菜沙拉。

材料

柳橙原汁…………50毫升
酱油………………1小匙
色拉油……………30毫升
梅肉酱……………10克
柠檬汁………………适量

做法

将所有材料混合均匀即可。

 ◀**481**|辣椰汁沙拉酱

用途：可用于东南亚风味的生菜沙拉、油炸物的蘸酱。

材料

椰子粉1大匙、辣椒粉1/3大匙、白胡椒粉1小匙、蛋黄酱3大匙、姜末1/3大匙、盐适量、果糖1/2大匙

做法

将所有材料拌匀即可。

482|冷豆腐淋汁▶

用途：为开胃小菜，加入适量姜泥更能提味。

材料

A 柴鱼高汤……100毫升
　酱油……………1大匙
　米酒……………2大匙
　味醂……………1大匙
B 柴鱼片…………10克

做法

米酒烧除酒精，与其余材料A混合煮开后加入柴鱼片，待柴鱼片沉入锅底，即可过滤放凉冷藏。

注：柴鱼高汤做法见P.232。

483 | 芝麻辣味淋酱

用途：可作为凉拌淋酱，例如汆烫过的蔬菜或烤茄子或拌面等。

材料

柴鱼高汤50毫升、酱油1大匙、味醂1大匙、辣椒酱1大匙、芝麻酱30克、味噌1.5小匙、细砂糖1小匙

做法

1. 辣椒酱用筛网过滤，取汁液。
2. 芝麻酱与味噌搅拌均匀，再将做法1与其他调味料慢慢加入混合搅拌均匀即可。

注：柴鱼高汤做法见P.232。

484 | 和风芝麻沙拉酱

用途：可用来凉拌沙拉，或蘸生菜食用。

材料

芝麻酱	1小匙
开水	2大匙
白糖	1.5大匙
酱油	1大匙
柠檬汁	1大匙

做法

先将芝麻酱加入开水一起搅拌，再加入其余的材料一起拌匀即可。

485 | 凉拌牛肉淋酱

用途：适用于生牛肉、涮牛肉或生菜的凉拌酱。

材料

A 鱼露1.5大匙、甜鸡酱1大匙、椰子糖2大匙、柠檬汁2大匙
B 红辣椒1个、红葱头1颗、葱适量、罗勒适量

做法

将材料B均切成细末，与材料A混拌均匀即可。

486 | 生蚝酱汁 ▶

用途：淋在生虾、生蚝等生食的海鲜类上。

材料

A 红辣椒1个、红葱头2颗、蒜头2瓣、香菜根1根、香茅1根、薄荷叶15克、柠檬叶10片
B 鱼露2大匙、砂糖1大匙、柠檬汁3大匙

做法

将材料A放入果汁机搅拌均匀后，与材料B混合拌匀即可。

◀487│泰式沙拉酱

用途：用于凉拌粉丝或拌沙拉。

材料

A 色拉油……………2大匙
　 醋…………………2大匙
B 辣椒酱…………1/2大匙
　 鱼露……………3大匙
　 果糖……………2大匙
　 柠檬汁…………1小匙

做法

所有材料调和均匀即可。

488│凉拌青木瓜丝酱汁 ▶

用途：除了可用于做凉拌青木瓜，还适合凉拌水果如西红柿，或是水煮蔬菜如四季豆。

材料

A 虾米2大匙、红辣椒1个、蒜头2颗
B 虾酱1小匙、鱼露4大匙、椰子糖1大匙、柠檬汁3大匙

做法

将材料A切碎与材料B混合拌成酱汁。

◀489│泰式凉拌酱汁

用途：用于海鲜烫熟后凉拌的酱汁。

材料

A	红辣椒末 ………1大匙	B	醋……………100毫升
	蒜头末…………1大匙		鱼露……………1.5大匙
	薄荷叶末 ………1大匙		果糖……………1大匙
			柠檬汁…………1大匙

做法

将材料B混合均匀，加入材料A即可。

490│泰式凉拌海鲜酱 ▶

用途：可用来凉拌海鲜。

材料

泰国辣椒4个、香菜适量、柠檬汁5大匙、鱼露3大匙、糖1大匙、油葱酥适量

做法

1. 鱼露、糖、柠檬汁先拌匀。
2. 辣椒、香菜切碎后加入做法1的材料中，再加入油葱酥拌匀即可。

日 韩 东南亚酱料篇 蒸煮酱

◀491 | 香菇煮汁

用途：可作为寿司的材料。

材料

柴鱼高汤········· 200毫升
酱油···················30毫升
味醂···················30毫升
砂糖······················25克

做法

所有材料混合拌匀即可。

注：柴鱼高汤做法见P.232。

492 | 稻荷煮汁▶

用途：煮汁以小火煮豆腐皮入味，即为台湾最普及的寿司材料之一。

材料

柴鱼高汤········· 400毫升
酱油···················75毫升
砂糖······················75克

做法

所有材料混合拌匀即可。

注：柴鱼高汤做法见P.232。

◀493 | 干瓢煮汁

用途：50克的干瓢沾湿后，与大量的盐搓洗，再用水冲去盐分，泡入水中使其膨胀后沥干水分，与煮汁以小火一起煮至入味即可。可作为卷寿司的材料，也可单独使用，可制作干瓢细卷，或用在散寿司中。

材料

柴鱼高汤········· 500毫升
酱油···················40毫升
米酒···················30毫升
味醂···················40毫升
砂糖······················30克

做法

所有材料混合均匀即可。

注：柴鱼高汤做法见P.232。

494 | 紫苏甘露煮▶

用途：为食物保存的方法。适合小菜、小鱼拌稀饭。

材料

酱油···················30毫升
酱油膏··················80克
醋·····················100毫升
味醂···················80毫升
紫苏梅··················30克
冰糖····················50克
水麦芽··················30克

做法

所有材料混合即可。

注：将浓稠的煮汁融入鱼身，焖煮至骨头都可入口。以此煮汁可做出有名的料理"香鱼紫苏甘露煮"。

495│治部煮煮汁

用途：治部煮为日本石川县金泽市的代表乡土料理。其烹调方式是将鸡肉或鸭肉涂上薄薄的淀粉，再与煮开的煮汁一同氽煮，并搭配蔬菜一起煮熟。

材料

柴鱼高汤·········100毫升
酱油···············25毫升
米酒···············50毫升
砂糖···············15克

做法

所有材料混合煮至糖溶即可。

注：柴鱼高汤做法见P.232。

496│佃煮煮汁

用途：常以小鱼、海草或根茎蔬菜与煮汁煮至收干。

材料

柴鱼高汤·········100毫升
酱油···············50毫升
米酒···············50毫升
味醂···············50毫升
砂糖···············40克

做法

所有材料混合均匀即可。

注：柴鱼高汤做法见P.232。

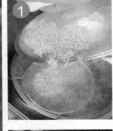

示范料理 **小鱼佃煮**

（材料）

银鱼···············150克
山椒粉···············适量
佃煮煮汁···············适量

（做法）

1. 将银鱼氽烫，去除多余盐分与腥味，沥干水分备用。
2. 将银鱼放入佃煮煮汁中，盖上锡箔纸盖，用小火煮至收汁，熄火，撒上山椒粉，略为搅拌即可。

日韩东南亚酱料　蒸煮酱

497 | 筑前煮煮汁 ▶

用途：筑前煮是将鸡肉切块与根茎蔬菜充分炒后，与煮汁一起卤煮的料理，为日本福冈县的乡土料理。

材料

柴鱼高汤………… 200毫升
酱油…………………37毫升
米酒…………………10毫升
砂糖……………………17克

做法

所有材料混合煮至糖溶即可。

注：柴鱼高汤做法见P.232。

◀ 498 | 胡萝卜煮汁

用途：以此煮汁煮胡萝卜，为卷寿司的材料之一。胡萝卜煮汁与1大条切成长条状的胡萝卜以小火一起煮，煮至胡萝卜稍微柔软即可。

材料

柴鱼高汤………… 300毫升
酱油…………………10毫升
味醂…………………23毫升
砂糖……………………23克

做法

所有材料混合均匀即可。

注：柴鱼高汤做法见P.232。

499 | 萝卜泥煮汁 ▶

用途：淋于炸酥的材料上。香酥料理配上清爽的萝卜泥，吃起来不油腻，且增加湿润感。料理上可撒上葱花、七味粉，来增添辣味和香气。

材料

A 柴鱼高汤 …… 300毫升
　 酱油 ……………… 1大匙
　 味醂 ……………… 1大匙
B 萝卜泥………… 100克

做法

先将萝卜泥沥干，材料A放入锅中煮开后，再加入萝卜泥煮开即可。

注：柴鱼高汤做法见P.232。

◀500 姜汁烧酱汁

用途：此酱汁可使用在猪肉上，将猪肉片煎至7~8分熟后，淋入酱汁与姜泥煮熟即可。也可用在鸡肉上。

材料

A 酱油…………50毫升
　味醂…………40毫升
　米酒…………18毫升
　砂糖…………10克
B 姜泥…………适量

做法

将材料A煮开后，加入适量姜泥拌匀即可。

501 土豆 炖牛肉煮汁 ▶

用途：适合拿来做炖煮肉类蔬菜料理，如土豆炖牛肉。

材料

柴鱼高汤………400毫升
酱油……………90毫升
米酒……………45毫升
味醂……………15毫升
砂糖……………25克

做法

所有材料煮开至糖溶化即可。

注：柴鱼高汤做法见P.232。

◀502 红烧鱼煮汁

用途：适合煮白肉鱼，如鲷鱼、石斑鱼、海鲕等的头、下巴、中骨等部位的料理。

材料

水………………140毫升
酱油……………60毫升
米酒……………90毫升
味醂……………30毫升
砂糖……………15克

做法

将所有材料混合煮至糖溶即可。

503 | 鲜鱼蒸汁

用途：使用这道酱料做料理前，先挑选新鲜无腥味的鱼类品种，将处理好的鱼放入盘中，鱼身下面铺一片海带，淋入蒸汁蒸熟后，蘸取橙醋享用即可。

材料

鲜鱼鱼杂高汤…… 300毫升
米酒…………………60毫升
盐 …………………适量

做法

所有材料调和煮开即可。

注：鲜鱼鱼杂高汤做法见P.232。

504 | 味噌鱼煮汁

用途：适合腥味较重的鱼，如青花鱼、沙丁鱼等。

材料

柴鱼高汤……… 200毫升
酱油…………………适量
米酒………………50毫升
味噌………………75克
砂糖………………45克

做法

所有材料调和均匀即可。

注：柴鱼高汤做法见P.232。

示范料理 **青花鱼味噌煮**

（材料）

青花鱼 ………………1条
姜………………………1小块
姜丝……………………适量
青西蓝花………………适量
味噌鱼煮汁 ……………适量

（做法）

1. 青花鱼去骨切片，中间用刀划切十字，再用沸水冲烫使肉质紧缩；姜去皮切薄片备用。
2. 锅中放入味噌鱼煮汁，接着放进姜片及鱼肉片，盖上纸盖用小火煮约10分钟。
3. 将煮好的鱼肉片盛入大碗中，淋入锅中剩余的味噌煮汁，再用姜丝及余烫熟的青西蓝花装饰即可。

505 | 亲子丼煮汁

用途：亲子丼的做法与猪排盖饭一样，只是亲子丼使用鸡肉和鸡蛋，所以取名亲子。亲子丼煮汁配方中加入酒，可使口感更清爽，鸡肉的美味更能释出。

材料

柴鱼高汤⋯⋯⋯⋯100毫升
酱油⋯⋯⋯⋯⋯⋯25毫升
米酒⋯⋯⋯⋯⋯⋯20毫升
味酥⋯⋯⋯⋯⋯⋯25毫升

做法

将所有材料混合煮开，即可熄火。

注：柴鱼高汤做法见P.232。

506 | 牛丼煮汁

用途：以此酱料做料理时，煮汁里除了放薄片牛肉外，还可加入魔芋、豆腐、洋葱等材料。

材料

柴鱼高汤（或水）100毫升
酱油⋯⋯⋯⋯⋯⋯30毫升
米酒⋯⋯⋯⋯⋯⋯30毫升
味酥⋯⋯⋯⋯⋯⋯30毫升
砂糖⋯⋯⋯⋯⋯⋯10克

做法

米酒烧除酒精，与其他材料煮开，即可熄火。

注：柴鱼高汤做法见P.232。

示范料理 **牛丼饭**

（材料）
牛五花薄片⋯⋯120克
洋葱⋯⋯⋯⋯⋯1/2颗
红姜片⋯⋯⋯⋯适量
米饭⋯⋯⋯⋯⋯适量
牛丼煮汁⋯⋯⋯适量

（做法）
1. 将洋葱切成细条状备用。
2. 将牛五花薄片不重叠地放入煮汁中，以小火煮并捞除浮沫，再加入洋葱条煮约15分钟。
3. 碗中盛入适量米饭，先铺上煮好的洋葱条，再将牛五花薄片铺在洋葱条上，淋上适量煮汁，放上红姜片即可。

507 卤大肠煮汁

用途：此款酱料是味噌卤煮大肠的酱汁，为日本的家常菜，也常在居酒屋或家庭式餐厅出现。

材料

柴鱼高汤（或水）	300毫升
酱油	35毫升
米酒	50毫升
味醂	50毫升
味噌	25克
蒜头	2瓣
苹果	1个

做法

将苹果去皮、去籽，磨成泥，与其余材料混合均匀即可。

注：柴鱼高汤做法见P.232。

508 猪排盖饭汁

用途：此款酱料吃起来相当顺口，可以用于腌渍肉类或作烩酱。

材料

柴鱼高汤	100毫升
酱油	20毫升
味醂	30毫升

做法

将所有材料调和煮开即可。

注：柴鱼高汤做法见P.232。

示范料理 猪排盖饭

（材料）

日式炸猪排	1块
洋葱	1/2颗
鸭儿芹	适量
鸡蛋	2个
海苔丝	适量
猪排盖饭汁	适量

（做法）

1. 洋葱切成细长条；鸭儿芹切成适当长度；鸡蛋打散均匀备用。
2. 将洋葱铺入丼饭专用锅，淋入酱汁，开中火煮至洋葱柔软，再将猪排切成适当大小排入，至猪排吸收酱汁后，放入鸭儿芹，将蛋汁以画圆圈的方式淋入，蛋汁呈半熟膨松柔软状后，移动锅身以免粘锅，即可移至备好的米饭上，撒上海苔丝即完成。

注：食用时，可蘸食黄芥末酱享用；日式炸猪排做法见P.279。

509 | 寿喜烧酱汁

用途：关东寿喜烧是事先将调味料调匀后，再淋入火锅食材中；而关西寿喜烧则是不加水，直接在锅中加入砂糖、酱油、酒来调味。

材料

凉开水200毫升、酱油100毫升、米酒100毫升、味醂100毫升、砂糖30克

做法

将所有材料煮至砂糖溶化即可。

示范料理 寿喜烧

（材料）

A 牛肉薄片300克、牛蒡1/2条、洋葱1/2颗、葱适量

B 圆白菜1/4棵、葛切（日式粉条）20克、豆腐1/2块、魔芋丝适量、金针菇适量、鲜香菇2朵、花型胡萝卜3片、豌豆苗适量

C 寿喜烧酱汁适量、牛油（或奶油）适量

（做法）

1. 牛蒡用刀背刮除表皮，纵向划上几道浅刀痕，再以削铅笔方式削成牛蒡丝，泡入浓度为3%的醋水中（醋3毫升、水100毫升）约15分钟以防变色，再洗净沥干备用。

2. 洋葱切成长条状；葱切段；豆腐用烤箱烤除多余的水分至上色；葛切先泡入水中，使之软化；金针菇和鲜香菇切除蒂，豌豆苗洗净备用。

3. 将魔芋丝放入沸水中煮3~4分钟去除石灰涩味，取出泡冷水，待凉后沥干备用。

4. 在寿喜烧专用锅中抹上牛油烧热，放入洋葱条、牛蒡丝及葱段炒香，倒入适量寿喜烧酱汁，再放入牛肉薄片，边煮边吃，并依个人喜好加入其余材料享用。

注：吃牛肉片时可蘸上打散的蛋汁，不但可使牛肉的口感更滑嫩，也能使肉片降温以免烫口。

510 绿咖喱椰汁酱

用途：可加入鸡肉、牛肉、羊肉、虾作为主菜，拌饭也很适合。

材料

牛奶……………100毫升
椰浆……………100毫升
绿咖喱酱……………1大匙
柠檬叶……………3片
鱼露……………1小匙
糖……………1小匙

做法

将所有材料调和即可。

示范料理 **绿咖喱椰汁鸡肉**

(材料)

鸡腿肉……………1只
色拉油……………1大匙
红辣椒丝……………适量
甜豆仁……………适量
罗勒……………适量
绿咖喱椰汁酱……………适量

(做法)

1. 鸡肉洗净，撒上盐置放10分钟，然后切块入滚水汆烫后立即捞起，再用冷水冲洗，沥干水分；甜豆仁放入滚水汆烫捞起，泡入冷水中，取出备用。
2. 色拉油入锅烧热，以小火将绿咖喱椰汁酱炒开，加入鸡肉煮3～4分钟，起锅前加入甜豆仁、罗勒、红辣椒丝装饰即可。

511 印尼风咖喱酱

用途：可用来煮成印尼风咖喱或东南亚风味的生菜沙拉、油炸物蘸酱，也可以拿来做烤鸡翅酱料。

材料

A 洋葱……………1/4颗
姜……………1小块
蒜头……………2颗
B 花生酱……………2大匙
黄姜粉……………1/2小匙
咖喱粉……………2大匙
胡荽粉……………1/2小匙

做法

将材料A用食物调理机打碎后加入材料B，继续打至细致均匀。

512 | 柠檬鱼汁酱

用途：适合淋在蒸好的鱼上。

材料

A 红辣椒……………1个
　青辣椒……………1个
　蒜头 ……………… 2瓣
　香菜根……………适量
B 水（或高汤）…2大匙
　鱼露 ……………2大匙
　果糖 ……………1大匙
　柠檬汁…………3大匙

做法

将材料A切碎，与材料B
拌匀即可。

示范料理 | 清蒸柠檬鲈鱼

（材料）
鲈鱼………………………1条
柠檬鱼汁酱 ………适量

（做法）
1. 鲈鱼去鱼鳞，从腹部剖开，以
   滚水略烫过整条鱼身，再以冷
   水冲洗干净。
2. 将鱼放入盘中，以滚水大火蒸
   7分钟，倒出多余的水分，淋
   上柠檬鱼汁酱即可。

513 | 印尼辣椒酱

用途：跟一般辣椒酱用法大同小异，都很适合拿来烹调菜肴，或是拿来当蘸酱用。

材料

腌渍辣椒100克、蒜头10克

调味料

凉开水50毫升、盐10克、虾酱20克、色拉油200毫升、白醋2大匙、细砂糖2大匙、鸡粉1小匙

做法

1. 腌渍辣椒与凉开水、盐一起放入果汁机中搅碎；蒜头切末备用。
2. 起一锅放入色拉油，让油锅热至约60℃后，放入蒜末及虾酱以小火爆香。
3. 再加入辣椒泥及醋、细砂糖、鸡粉，以小火炒约5分钟，呈现浓稠状即完成。

514 | 泰式酸辣汁

 示范料理 **酸辣虾**

用途：除了拿来烹调海鲜之外，也适合蘸各种生菜来吃。

材料

柠檬汁	2大匙
白醋	1大匙
鱼露	1大匙
水	2大匙
细砂糖	1/4小匙
泰国红辣椒末	3根
蒜头碎	6瓣
香茅末	1/2小匙

做法

将所有材料混合煮开即可。

（材料）

虾	300克
青辣椒	2个

（调味料）

泰式酸辣汁	6大匙

（做法）

1. 将青辣椒剁碎；虾洗净沥干备用。
2. 热油锅，将虾倒入锅中，两面煎香即可呈盘备用。
3. 另热油锅，加入辣椒末略炒爆香，再倒入虾及泰式酸辣汁，以中火烧至汤汁收干即可。

515|韩式炖酱

用途： 这道酱汁除了炖煮，也可以使用在牛肉、鸡肉、干贝等食材的腌渍上，此款酱料的味道浓烈，所以不管是海鲜类还是肉类都可以使用。

材料

韩国辣椒粉2大匙、豆瓣酱1小匙、酱油4大匙、糖1大匙、水5大匙、蒜头4颗、姜1小块

做法

1. 蒜头及姜切碎备用。
2. 热油锅，放入做法1的材料以小火炒香后，加入其他材料煮滚即可。

示范料理 酱牛肉鱿鱼

（材料）

墨鱼仔	15只
牛肉泥	200克
葱	1根
姜	1小块

（调味料）

A 酱油	1大匙
淀粉	1/2小匙
B 韩式炖酱	4大匙
凉开水	4大匙
料理米酒	1小匙

（做法）

1. 葱、姜切碎，再与牛肉泥及调味料A一起拌匀备用。
2. 墨鱼仔摘掉头并洗净腹腔，将牛肉泥平均塞满至墨鱼仔的腹内，重复动作至材料用毕。
3. 取一锅，将墨鱼仔全部放入锅内，加入调料B，煮滚后转小火，再煮至汤汁收干即可。

516 | 关东煮汤底 ▶

用途：除了可以用来煮牡蛎之外，也可用于烹制猪肉、三文鱼或作为面类汤底。

材料

柴鱼高汤·········1000毫升
鸡骨蔬菜高汤···500毫升
酱油···············1大匙
淡口酱油··········50毫升
米酒···············100毫升
味醂················40毫升
细砂糖·············1大匙

做法

将酒烧除酒精，与其余材料混合煮开即可。

注：柴鱼高汤做法见P.232；鸡骨蔬菜高汤做法见P.232。

◀ 517 | 味噌锅汤底

用途：除了可以用于煮味噌火锅之外，还能拿来煮味噌汤或当作味噌拉面的汤底。

材料

A 白味噌············100克
　 红味噌············100克
　 酱油···············1小匙
　 米酒···············30毫升
　 味醂···············40毫升
　 砂糖···············1小匙
B 柴鱼高汤···········适量

做法

1. 将材料A混合拌匀。
2. 将做法1的材料与柴鱼高汤调拌至比味噌汤稍浓稠的状态即可。

注：柴鱼高汤做法见P.232。

518 | 肉骨茶高汤 ▶

用途：可当汤食用，亦可作为面的汤底。

材料

小排骨···············450克
肉骨茶包·············1包
水····················1600毫升
酱油··················2大匙
色拉油···············适量
黄豆瓣酱·············1大匙
蒜头··················2瓣
糖····················1大匙

做法

1. 将小排骨切块，洗净备用。
2. 色拉油放入锅中烧热，将蒜头、黄豆瓣酱、糖炒开至糖溶化，放入做法1的排骨拌炒均匀，加入水、酱油、肉骨茶包熬煮至排骨柔软即可。

注：蒸时需要不时除去漂在汤面上的浮沫。

日韩 东南亚酱料篇 **烧烤酱**

好吃烧烤小技巧

揭开烤肉美味的秘密

★ 腌料和烤肉酱

烤肉的调味酱料，大致可以分腌料和烤肉酱两部分。为了达到较好的调味效果，腌料通常都不会太黏稠，以免味道不能进入肉的纤维当中。至于烤肉酱的部分，为了避免酱汁从烤肉的表面流失，必须调得浓稠一点，以增加附着力，而且浓稠的烤肉酱能够使烤肉更有烤的风味。如果使用不浓稠的烤肉酱，因为水分比较多，所以如果烤得不够久，甚至连网烤特有的网状烤纹都没办法印在肉上，减少了烤肉的趣味。

水嫩多汁的湿腌法最适合用来做烤肉片的前处理，利用水分较多的酱汁使味道渗透到肉的纤维中，腌渍出够味又鲜嫩多汁的口感。

烤肉时，除了会在过程中为所烤的食材涂上咸香甘甜不同口味的烤肉酱外，通常还会将肉类先经过腌渍，让肉浸在腌汁中吸收腌汁的美味，烤起来才不会太干涩，尝起来更是美味。

★ 烤鱼的小技巧

烤鱼是烤肉里面比较特殊的一种，它和一般的烤肉相比，无论是火候或是烤的方式都不太一样。

火候方面，因鱼肉含有相当多的水分，表皮又特别薄，所以绝对不能用大火去烤。否则皮一下子就干掉，鱼肉却根本没烤熟。如果是比较小的鱼，用中火还可以，但大部分巴掌长以上的鱼，必须全程用小火来烤。

另一个重点，就是油脂太少的鱼不要烤。因为没有油的鱼，烤起来大部分都不香，而且容易烤干，鱼皮会带有很明显的苦味。如果一定要烤，最好是用铝箔纸先包起来，并撒上一点盐，让水分可以比较快离开鱼体内，润泽表皮，同时由于体内没有过多的水分，也可以缩短烤熟的时间。

在烤的方式上，因为鱼皮容易粘在烤网上，所以最好采用隔空烧烤，就是将肉串在叉子上，叉子和一个手动的转轴连结在一起，烤时肉不会碰到任何烤网，只在离火一定距离的地方转动。如果没有这种烤炉，也可以用手拿着烤。

对于包铝箔纸的鱼来说，放在炭火上或是烤箱里，味道并没有太大的差别，所以完全看个人喜好。如果是在家里烤，用烤箱就比较方便。

烤香鱼的特点是处理方便。因为香鱼并不需要开肠剖肚去除腹内杂物，几乎整条鱼都可以吃，所以对于器具和清洗工具都较少的野外烤肉来说特别适合。不过，越是不需要处理的鱼，烤的时候越要注意是否烤熟。所以烤香鱼的时候，避免烧焦和不熟，是最难的地方。切记以小火来烤，烤到鱼眼珠发白时就可以食用了。

烤蔬菜的注意事项

青辣椒

青椒是很常见的烧烤类蔬菜，用炭火烤时注意火不能太旺，不然青椒的外皮很快就会焦掉，或是在烤网上垫一层铝箔纸，让热度均匀发散，避免青椒和烤网接触的地方迅速烤焦。只要青椒有略微变软，内侧已经出水，就表示熟了！

菇菌类

鲜香菇与青椒都是易熟、水分多的蔬菜，都不能烤太久，所以香菇可以采用与青椒相似的烤法。另外常用到的就是奶油金针菇，一般来说不会直接烘烤，多是做成"盆烤"，就是把食材放在铝箔纸做的盒子里加热，虽然用炭火，但盒子里可以加入奶油或高汤，蔬菜又没直接与火源接触，烤后的口感很像以小火炒出来的味道。

同理，各种菇菌类都可以用"盆烤"法，既容易吸收酱汁又熟得快，并且久煮不烂。

这种盆烤的方式也可以运用在四季豆、胡萝卜等食材上。盆烤要注意的地方，第一是铝箔纸亮面朝上面向食物，而且最好使用两层，以免不小心被烤肉夹刮破；第二是最好在烤网上先涂一层油，以免烧烤食物的酱汁粘住铝箔纸，导致烤好后拿取时烤盆破裂而造成汤汁流失。

茭白

选择没处理过、还连着外皮的茭白烤起来才好吃，连皮烤的目的是为了留住原有的甘甜，若没有外皮包住，在烤过后水分与甘甜味都会流失。如果找不到有外皮的茭白，可以使用铝箔纸将其紧密包住，确保汤汁不会流出来。茭白本身就很好吃，只需要撒适量盐或奶油调味，增加香气及滑顺口感就好。

519|照烧酱汁

用途: 可用来烤鱼、烤肉,当食材烤至7~8分熟时,分多次边淋边烤,也可利用平底锅来制作料理。

 材料

酱油……………… 200毫升
米酒……………… 100毫升
砂糖……………… 100克

 做法

所有材料混合,用小火熬煮至原量的2/3即可。

示范料理 照烧鸡肉

(材料)
去骨鸡腿………………1只
青金针花………………适量
小黄椒…………………1个
山椒粉…………………适量

(调味料)
照烧酱汁………………适量

(做法)
1. 将鸡腿肉洗净,撒上适量盐,静置10分钟,再用浓度为5%的酒水(酒5毫升、水100毫升混合)洗净后拭干水分,肉厚处及筋部用刀划开,可使鸡肉较易煮熟,并防止鸡肉收缩。
2. 青金针花汆烫后沥干备用。
3. 热油锅,放入鸡腿肉(有皮的那一面朝下),煎至7~8分熟,且双面皆呈焦黄色时,将小黄椒放入略煎后取出,再加入照烧酱汁煮至稠状。
4. 将鸡腿肉取出,切成小块状后盛盘,淋上锅中剩余的酱汁,放上青金针花及小黄椒,再将山椒粉均匀撒在鸡肉上即可。

◀520 日式串烧酱

用途： 除了料理日式串烧之外，也能拿来当作一般烤肉酱使用。

 材料

A 鸡骨300克
B 酱油200毫升、米酒150毫升、味醂200毫升、黄冰糖60克、水麦芽60克
C 葱1根、干辣椒2个、蒜头4颗

 做法

1. 鸡骨放入滚水中汆烫去除血水，捞起以冷水洗净后沥干备用。
2. 材料C中的葱和蒜头放入烤箱中，略烤至香味溢出后取出备用。
3. 取一锅，将所有材料放入，以大火煮至沸腾后，改转小火续煮约40分钟成浓稠状酱汁后熄火。
4. 将酱汁放置冷却后，以筛网过滤即可。

521 鸡肉串烤酱汁▶

用途： 为照烧酱的一种。可在酱汁中放入适量柠檬片或橙片等，在涂烤时可增添清爽的口感。

 材料

酱油……………100毫升
米酒……………150毫升
砂糖………………30克
水麦芽………………30克

 做法

米酒烧除酒精后，与其他材料一起放入锅中，以小火煮至稠状即可。

◀522 玉味噌酱

用途： 可用于拌菜和烧烤上。作为味噌酱汁的基底，料理时取适量与其他调味料调配就能做出丰富多变的"特制味噌酱"了。

 材料

白味噌100克、酒30毫升、味醂20毫升、蛋黄40克、芝麻酱30克、砂糖20克、柚子粉适量

 做法

将所有材料混合，用隔水加热方式不时搅拌，直到味噌收水呈光滑稠细状为止，再加入柚子粉搅拌均匀来增添香气既可。

523 鳄梨玉味噌酱▶

用途： 可用于鱼、茄子、豆腐、魔芋等的烧烤涂酱。

 材料

玉味噌酱……………100克
鳄梨………………70克
柠檬汁………………适量
奶酪粉………………适量

 做法

成熟鳄梨加入柠檬汁搅打成泥，与玉味噌拌匀，再加入奶酪粉拌均匀即可。

524 | 蒲烧酱汁

用途：除了用于当鳗鱼涂酱外，
也可用于烧烤沙丁鱼、秋
刀鱼。

 材料

酱油	200毫升
米酒	200毫升
味酥	180毫升
砂糖	90克
水麦芽	40克

做法

米酒烧除酒精后，与其余材料一
起放入锅中，以大火煮开后转小
火，煮至浓稠约40分钟即可。

示范料理 **蒲烧鳗**

（材料）
蒲烧鳗鱼 ············ 1/2只
山椒粉 ················· 适量

（调味料）
蒲烧酱汁 ··········· 325克

（做法）
1. 鳗鱼切成4等份，取2份用竹签
   小心串起，重覆此动作至材料
   用毕，备用。
2. 热一烤架，放上鳗鱼串烧烤至两
   面皆略干。
3. 将鳗鱼串重复涂上蒲烧酱汁2~3
   次烤至入味后，撒上山椒粉
   即可。

◀525 | 红玉味噌酱

用途：可涂于茄子、芋头、豆腐、魔芋等。

材料

红味噌……………100克
米酒………………35毫升
味醂………………30毫升
芝麻酱……………40克
蛋黄………………32克
砂糖………………30克

做法

以隔水加热方式，将所有材料混合搅拌至味噌收水呈光滑稠细状为止。

526 | 佑庵烧酱汁▶

用途：这道酱汁可用在三文鱼、青甘鱼、鲳鱼、鳕鱼、鲷鱼等鱼类上。

材料

酱油………………100毫升
米酒………………75毫升
味醂………………100毫升
柳丁………………2片
柠檬皮末…………适量

做法

所有材料调匀即可。

注：把鱼放进用了柚子的腌汁中浸泡，再做烧烤的料理，叫做"柚庵烧"；做法相似的料理则叫做"幽庵烧"或"佑庵烧"。这里以柳丁、柠檬代替柚子，可以呈现出不同的风味。

◀527 | 日式烧肉腌酱

用途：日式烧肉腌酱除了当作肉片的腌酱之外，也可以拿来蘸烤好的肉片。

材料

味醂………………2大匙
蜂蜜………………1大匙
白芝麻……………1/4小匙
日式酱油…………1/2大匙
白萝卜泥…………2大匙

做法

将所有材料调匀即可。

◀528|韩式烤肉酱

用途： 将肉类蘸酱煎烤后，再搭配米饭，就是好吃的韩式烤肉饭。

材料

白芝麻……………………1大匙
韩国辣椒粉………100克
韩国味噌…………2大匙
番茄酱……………2大匙
乌醋………………1中匙
果糖………………1大匙
糯米水……………150克

做法

1. 先将白芝麻以小火拌炒过取出，再用菜刀以切剁方式让白芝麻的香气溢出后，放入容器内。
2. 依序将韩国辣椒粉、韩国味噌、番茄酱、乌醋、果糖、糯米水放入做法1的容器内，一起搅拌均匀即可。

529|韩式辣味烤肉酱▶

用途： 适合作为牛、羊、猪及海鲜的烤肉蘸酱，味道非常鲜美。

 材料

苹果1个、洋葱1/2颗、蒜头80克、韩国辣椒酱100克、细辣椒粉5克、蜂蜜120克、味醂100毫升、细砂糖50克、盐10克、凉开水100毫升

 做法

1. 将苹果去皮去籽；洋葱去皮，连同蒜头、凉开水用果汁机打成泥状备用。
2. 取一锅，将做法1的果泥倒入锅中，再加入其余材料拌匀煮至沸腾即可。

◀530|沙嗲酱

用途： 为东南亚风味烤肉酱。

 材料

酱油1/2大匙、沙茶酱1大匙、咖喱粉1/2大匙、花生粉1大匙、茴香粉1/2小匙、糖1/2大匙

 做法

将所有材料混合搅拌均匀即可。

531|椰香辣酱▶

用途： 使用方法类似沙嗲酱，可以拿来涂烤食材。

 材料

椰浆……………………80克
辣椒酱…………………60克
洋葱……………………20克
无糖花生粉…………20克
蚝油……………………30克
细砂糖…………………20克

 做法

1. 洋葱洗净去皮，切小块备用。
2. 将洋葱块及其余材料一起放入果汁机内打成泥状即可。

日 韩 东南亚酱料篇 **拌面酱**

532 拌冷面酱

用途：适合各式冷面类之拌酱。

材料

酱油50毫升、辣椒粉（中粗）1大匙、辣椒粉1大匙、砂糖1.5大匙、葱末2大匙、姜汁1大匙、蒜末1大匙、猕猴桃1个、香油2大匙、熟白芝麻适量

做法

猕猴桃去皮磨成泥，与其余材料起拌匀即可。

注：除了猕猴桃泥，也可用苹果泥、梨泥。

533 荞麦凉面汁

用途：除了拌凉面用，也可淋在豆腐或凉拌蔬菜上。

材料

A 柴鱼高汤……100毫升
　酱油…………20毫升
　味醂…………20毫升
B 柴鱼片………… 10克

做法

将材料A煮开，放入柴鱼片以小火煮一会儿，熄火，待柴鱼片自然沉入锅底，即可过滤、放凉冷藏。

注：柴鱼高汤做法见P.232。

示范料理 荞麦冷面

（材料）
荞麦面……………80克
海苔………………适量
葱花………………适量
绿芥末……………适量
七味粉……………适量
荞麦凉面汁………适量

（做法）
1. 荞麦面煮熟后用冰水冲洗，使面条降温并冲去面条的黏液与涩味，如此吃起来会更清爽有弹性，看起来也更有光泽。
2. 将荞麦面盛盘后撒上海苔，再将荞麦凉面汁装入深底小杯中，依个人喜好酌情加入葱花、绿芥末及七味粉拌匀，食用时手拿杯子，再夹取荞麦面蘸上酱汁一同享用。

534|日式凉面酱

用途： 用于日式凉面或水煮面线蘸酱。

材料

和风酱油…………4大匙
冷开水…………120毫升
味醂…………1.5大匙

做法

将所有材料混合调匀就是鲜美的日式凉面酱了。

注：吃日式凉面的时候除了配上这种蘸料外，还可以加上芥末、葱花和海苔细片一起享用，更为美味。

示范料理 山药细面

（材料）

荞麦面…………100克
山药…………100克
海带芽（干）…………3克
芦笋…………1根
玉米粒（罐头）…………20克
姜泥…………适量
日式凉面酱…………适量

（做法）

1. 将荞麦面放入滚水中煮至熟后，捞起以冷水冲除淀粉质并冲至完全冷却，再沥干水分盛入盘中备用。
2. 山药去皮切薄片再切成细面状；海带芽泡入水中还原，沥干水分，再放入滚水中过水，立即捞起备用；芦笋放入滚水中汆烫，再捞起冲冷水至完全冷却，切成段状备用。
3. 将山药、海带芽、芦笋、玉米粒、姜泥放在细面上，再倒入日式凉面酱即可。

535|细面蘸汁▶

用途：此酱可淋于温泉蛋、芝麻豆腐、蛋豆腐等小菜上。

材料

A 柴鱼高汤·······100毫升
　淡口酱油········15毫升
　味醂············15毫升
B 柴鱼片············ 10克

注：柴鱼高汤做法见P.232。

做法

将材料A煮开，放入柴鱼片以小火煮一会儿，待柴鱼片下沉，即可过滤、放凉冷藏。

◀536|日式炒面酱

用途：用在炒蔬菜、炒米粉、炒面皆可。

材料

猪排蘸酱汁 ·········2大匙
蚝油··············1/2大匙
乌醋··············1大匙
米酒··············1小匙

做法

将所有材料调和均匀即可。

注：猪排蘸酱汁做法见P.279。

537|山葵酱▶

用途：除了拌凉面之外，还能拿来蘸肉类、海鲜，做沙拉、拌山药。

材料

鲣鱼酱油··········20毫升
日本山葵酱 ········1小匙
柴鱼高汤··········40毫升
盐················1/4匙
糖················1/4匙

做法

取一碗，将所有材料放入混合调匀即可。

注：柴鱼高汤做法见P.232。

540 | 寿司醋

用途：专用于做寿司饭，将煮好的米饭趁热拌进寿司醋，边拌边扇凉即可。

 材料

醋 ·················· 100毫升
盐 ···················· 22克
糖 ···················· 50克

 做法

将醋、盐、糖放入锅中，以中火煮至糖溶解后，放凉即可。

好吃的寿司饭做法

(做法)

1. 将适量米煮成米饭，趁热盛到大盆中（因为热的饭在拌醋时才能入味）。

2. 调制寿司醋，按照1杯米配25毫升寿司醋的比例倒入寿司醋。

3. 将饭勺以平行角度切入饭中翻搅，让饭充分吸收醋味。

4. 待醋味充分浸入后，将米饭用扇子扇凉冷却即可。

示范料理 **太卷**

(材料)

A
干瓢煮 ·················· 2条
香菇煮 ·················· 3朵
厚蛋烧(1.5厘米宽) ·· 1条
鸭儿芹 ················ 适量
蒲烧鳗 ··············· 1/2条
寿司饭 ················ 适量
海苔(大) ············· 1.5片
寿司卷帘 ················ 1个

B
鸡蛋 ·················· 3个
蛋黄 ·················· 2个
盐 ···················· 适量
色拉油 ················ 适量

(做法)

1. 将鸭儿芹洗净，放入滚水中汆烫后泡冷水备用。
2. 香菇切丝备用；鳗鱼切成1.5厘米宽的长条备用。
3. 将材料B的3个鸡蛋、2个蛋黄加入适量盐，打散成蛋液，热油锅，煎成薄蛋皮2张备用。
4. 将蛋皮铺在寿司卷帘上，将香菇丝、厚蛋烧、鸭儿芹、干瓢排放在蛋皮上，然后卷成蛋皮卷备用。
5. 将海苔光滑的一面朝下铺在卷帘上，前端预留1厘米其余全平铺一层寿司饭，将蛋皮卷摆上，一同卷成寿司卷即可。

日韩东南亚酱料 拌面酱

273

541|泰式青酱▶

用途：可作为蘸酱、淋酱、或拿来拌面。

材料

A 红辣椒……………………1个
　红葱头……………………3颗
　蒜头………………………3瓣
B 罗勒………………………20克
　薄荷叶……………………20克
C 鱼露………………………2大匙
　果糖………………………1大匙
　柠檬汁……………………适量

做法

将材料A放入果汁机搅拌打成泥后，加入材料B一起打，再加入材料C拌匀即可。

◀542|东南亚红咖喱酱

用途：此酱带点辣味，适合做各式咖喱料理，用法跟一般咖喱酱相似。

材料

东南亚咖喱粉………1大匙
红辣椒末……………1大匙
蒜末…………………1/4小匙
红葱头末……………1/4小匙
香菜末………………1/2大匙
高汤…………………300毫升

做法

1. 取锅，加入适量橄榄油，加入所有材料炒香（高汤除外）。
2. 再加入高汤，开小火熬煮约10分钟熄火，待放凉后倒入果汁机中打匀即可。

543|素食咖喱酱▶

用途：可用来做拌饭、拌面，或蘸面包食用。

材料

苹果1个、西芹200克、土豆300克、胡萝卜100克、香蕉300克、咖喱粉4大匙、橄榄油2大匙、水1000毫升、盐1小匙

做法

1. 苹果、土豆、胡萝卜、香蕉去皮切小块；西芹切小块开小火，用橄榄油炒香咖喱粉，炒出香味之后再加入西芹、胡萝卜、苹果。
2. 炒匀后再加入土豆、香蕉，再加入水（淹过所有材料），小火熬煮约20分钟至蔬菜软烂，加入盐调味。
3. 所有材料放凉之后，分次用果汁机打碎即可。

544 芝麻蘸酱

用途：可作为锅物之蘸酱，亦可做蘸面汁。

材料

芝麻酱 ···············50克
淡口酱油 ··········18毫升
橙醋 ···············36毫升
米酒 ···············18毫升
味醂 ·················27克
甜面酱 ············1/2小匙
辣椒酱 ············1/2大匙

做法

将辣椒酱用筛网过滤，取辣椒汁与其他材料混合搅拌均匀即可。

545 蛋黄酱蘸酱

用途：除了作蘸酱用，也可作拌酱用。

材料

蛋黄酱（日式口味）
···············100克
黄芥末酱 ··········60克
温泉蛋黄 ············2个
柠檬汁 ············1/2大匙

做法

将所有材料混合拌匀即可。

注：温泉蛋是水煮蛋的一种蛋黄，呈现半熟状态。

546 辛辣蘸酱

用途：适合作为锅物蘸酱。

材料

酱油 ················2大匙
辣油 ················1小匙
芝香油 ··············1小匙
醋 ··················1大匙
砂糖 ··············1/2大匙

做法

将所有材料调和均匀即可。

547|天妇罗蘸酱汁

蘸 酱

用途：除了蘸食炸物外，也可淋于扬出豆腐上。

材料

柴鱼高汤150毫升、酱油25毫升、味醂25毫升

做法

将所有材料煮开即可。

注：柴鱼高汤做法见P.232。

示范料理 **天妇罗**

（材料）

鲜虾6只、红甜椒1/2个、鸭儿芹叶1片、白萝卜泥适量、姜泥适量、天妇罗蘸酱汁适量

（面衣材料）

冷水150毫升、蛋黄1个、低筋面粉100克

（做法）

1. 冷水中先加入蛋黄打散后，再加入低筋面粉轻轻搅拌，不需搅拌得很均匀，调和成带有流状的面衣备用。

2. 虾洗净，去头后除去肠泥，剥除虾壳与尾部的剑形尖刺（保留尾壳），用纸巾擦干，再用刀刮除尾壳上含有水分的黑色薄膜，接着在虾腹处斜划3~4刀，按压虾背使虾筋断开（会有"嘎啦"声），虾身拉长，便能炸出笔直不弯曲的炸虾。

3. 将做法2先沾上薄薄一层低筋面粉（分量外），再裹上面衣，放入180℃的油锅中炸至酥脆，捞起沥干油分。

4. 红甜椒切半去籽，入油锅略炸后捞起；再将鸭儿芹叶的其中一面沾粉、裹上面衣，放入油锅炸酥，即可与炸虾一同摆盘。

5. 食用时，将白萝卜泥与姜泥拌入天妇罗蘸酱，一起享用。

548 | 甘口味噌蘸酱 ▶

用途：适合锅物蘸酱。

材料

A 红味噌·············40克
　酒···············1大匙
　味醂·············1小匙
　蛋黄·············1颗
　砂糖·············1大匙
B 高汤·············20毫升
　柚子粉···········适量

做法

将材料A隔水加热，充分混拌均匀后，加入高汤调和，最后加入柚子粉增添香气。

◀ 549 | 天丼酱汁

用途：天丼便是炸虾盖饭，也适合蘸炸鱼、炸蔬菜。

材料

柴鱼高汤·········100毫升
酱油·············35毫升
味醂·············35毫升
砂糖·············1小匙

做法

将所有材料混合煮至糖溶化即可。

注：天丼酱汁味道较淡，如果喜欢浓郁的酱汁，可用蒲烧酱汁代替，做法见P.264；柴鱼高汤做法见P.232。

550 | 味噌蜜蘸酱 ▶

用途：海鲜蘸酱、炒青菜、素食用均可。

材料

味噌·············1/3杯
果糖·············1大匙
白醋·············2大匙
姜丝·············1大匙
淡酱油···········适量

做法

将所有材料拌均匀后，再加入姜丝即可使用。

551 | 猪排蘸酱汁

用途：可作为蛋包、什锦煎饼、章鱼烧的淋酱或日式炒面的调味酱。

材料

A 柴鱼高汤50毫升、乌醋100毫升、番茄酱50克、辣椒酱1大匙、苹果汁25毫升
B 玉米粉适量、水适量
C 酱油适量

做法

1. 玉米粉与水调好备用。
2. 辣椒酱先过滤，取其汁液，与其余材料A用小火煮开。
3. 将做法1慢慢加入做法2，调成流动的稠状，最后加入酱油调色即可。

注：柴鱼高汤做法见P.232。

日韩东南亚酱料

蘸酱

示范料理 日式炸猪排

（材料）
A 大里脊2片（每片约60克）、圆白菜1/4颗、西红柿适量、盐适量、胡椒粉适量
B 低筋面粉适量、蛋汁适量、面包粉适量
C 猪排蘸酱汁适量

（做法）
1. 圆白菜切细丝，泡冰水使其鲜脆爽口备用。
2. 将大里脊带筋部分用刀划开，表面撒上适量盐和胡椒粉，静置15分钟。
3. 大里脊依序沾上低筋面粉、蛋汁、面包粉，放入170℃的油锅中炸至酥黄，捞起沥干油分后，切块盛盘，放入圆白菜丝、西红柿，搭配猪排蘸酱一同享用。

注：用刀划开大里脊带筋的部分，可防止肉片在油炸时收缩。

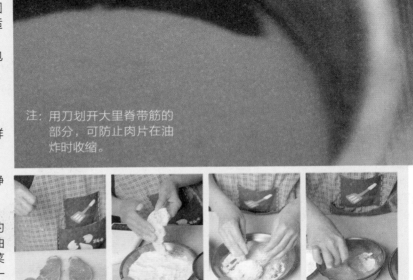

552 | 可乐饼咖喱蘸酱 ▶

用途：可作为炸鸡、炸鱼排、炸猪排的蘸酱。

材料

柴鱼高汤…………120毫升
洋葱…………………1/4小颗
奶油…………………1大匙
低筋面粉……………1大匙
咖喱粉………………1大匙
动物性鲜奶油……25毫升
盐……………………适量
胡椒…………………适量

做法

1. 奶油入锅加热融化，洋葱切碎末，入锅充分炒软后加入低筋面粉、咖喱粉，炒至与奶油结合。
2. 倒入高汤慢慢融合均匀后，加入动物性鲜奶油调和，最后加入盐、胡椒调味即可。

注：柴鱼高汤做法见P.232。

◀ 553 | 可乐饼西红柿蘸酱

用途：除了做蘸酱，也可做涂酱。

材料

番茄酱………………1大匙
猪排蘸酱汁…………1大匙
动物性鲜奶油……1/2大匙

做法

所有材料混拌均匀即可。

注：猪排蘸酱汁做法见P.279。

554 | 什锦煎饼淋酱 ▶

用途：可做汉堡酱、可乐饼蘸酱，也可做章鱼烧的淋酱。

材料

猪排蘸酱……………3大匙
蛋黄酱………………1大匙
黄芥末酱……………1.5小匙

做法

将所有材料拌匀即可。

注：猪排蘸酱汁做法见P.279。

◀555 土佐酱油

用途：为生鱼片的基本蘸酱。

材料

A 酱油 ············· 200毫升
　酱油膏 ············· 10克
　米酒 ············· 100毫升
　味醂 ············· 10毫升
B 海带 ············· 15克
　柴鱼片 ············· 15克

做法

米酒去酒精，与其余材料A混合后加入海带，煮至沸腾前将海带取出，加入柴鱼片，待冷却后过滤即可。

注：酱油里因添加了含有海带和柴鱼的美味成分，故称为土佐酱油。

556 姜汁酱油▶

用途：适于口味较重的生鱼片，如青花鱼、鲣鱼、竹笋鱼、沙丁鱼等青银背之鱼类。

材料

土佐酱油 ············· 适量
姜泥 ············· 适量

做法

在土佐酱油中加入适量的姜泥即可。

◀557 蛋黄酱油

用途：用于墨鱼、金枪鱼的生鱼片。

材料

土佐酱油 ············· 40毫升
蛋黄 ············· 1颗

做法

在土佐酱油里加入蛋黄即可。

558 | 花生酱油 ▶

用途：浓郁的花生酱油最适合鲍鱼贝类食材，吃起来更加滑顺美味。

材料

土佐酱油…………40毫升
原味花生酱………1大匙

做法

土佐酱油中加入花生酱混合拌匀即可。

◀ 559 | 烧肉蘸酱

用途：除了适合拿来蘸烤肉之外，也可以腌肉。

材料

A 日式高汤（或水）20毫升
  淡口酱油………100毫升
  米酒……………20毫升
  砂糖………………45克
B 黄柠檬……………2片
  柳橙………………2片

做法

1. 将材料A倒入锅中煮至糖溶化，冷却。
2. 放入黄柠檬片、柳橙片，浸泡至口感清爽、香气淡雅即可。

注：可依个人喜好加入蒜泥、葱花、芝麻。

560 | 酸甜酱 ▶

用途：一般用于油炸物蘸酱。

材料

甜酱油……………3大匙
果糖………………1.5大匙
柠檬汁……………1.5大匙
红辣椒末…………1小匙
蒜头末……………1小匙
红葱末……………1小匙

做法

将所有材料混合拌匀即可。

◄561｜和风烧肉酱

用途：作为烧肉的蘸酱。

材料

酱油100毫升、酱油膏45克、鲜味露20毫升、味醂100毫升、辣椒酱20克、红味噌30克、白味噌30克、葱2根、姜1小块、麦芽20克、砂糖30克、蜂蜜20毫升

做法

1. 将葱烤过；姜洗净切片备用。
2. 将蜂蜜以外的所有材料混合以小火煮，并充分搅拌，煮至浓稠状，最后加入蜂蜜搅拌均匀即可。

562｜梅肉酱油▶

用途：用于白肉鱼、明虾、甜虾、章鱼等口味较淡的生鱼片。

材料

土佐酱油…………适量
梅肉酱…………适量

做法

在土佐酱油中加入适量的梅肉酱即可。

注：土佐酱油做法见P.281。

◄563｜和风梅肉酱

用途：适用于包在越南春卷中食用，也可调做蘸酱。

材料

梅肉泥……………20克
酱油………………6毫升
味醂………………6毫升
细柴鱼片…………5克

做法

取一碗，将所有材料依序放入碗中后，再拌匀即可。

564 | 梅子蘸酱 ▶

用途：可用于搭配油炸食物，如虾饼、鱼饼、春卷等。

材料

紫苏梅肉…………1.5小匙
鱼露……………1/2小匙
醋 ………………1大匙
果糖……………1大匙
蜂蜜……………1小匙
姜汁……………1小匙

做法

将所有材料调和均匀即可。

◀ 565 | 芝麻盐

用途：可用于烧肉蘸酱或炸物蘸酱。

材料

黑胡椒粒……………3克
盐 …………………13克
香蒜粉………………7克
熟白芝麻…………100克

做法

先将白芝麻研磨，然后加入黑胡椒粒研磨，再依序加入盐、香蒜粉研磨拌匀即可。

566 | 药念酱 ▶

用途：除了当蘸酱，还可以用来拌甜不辣、鱼板及烫熟的鱼块。

材料

淡口酱油………100毫升
味醂……………2大匙
辣椒粉（中粗）…2大匙
蒜末……………1大匙

做法

将蒜末与辣椒粉混合，加入酱油、味醂搅拌均匀即可。

注：可依个人喜好加入蒜泥、葱花、姜、胡椒、芝麻等辛香材料调拌。

◀567|萝卜泥醋

用途：可用于生蚝、生牛肉、涮牛肉、原味铁板牛肉的蘸酱。

材料

橙醋·················50毫升
萝卜泥··············20克

做法

萝卜泥中淋入橙醋即可。

注：橙醋做法见P.240。

568|海鲜煎饼蘸酱

用途：可用来蘸韩式海鲜煎饼。

材料

A1酱·················1小匙
酱油膏···············1大匙
番茄酱···············1小匙
白糖·················1大匙
开水·················1大匙

做法

将所有酱汁材料一起拌匀即可。

◀569|韩式辣椒酱②

用途：除了可做蘸酱之外，还可用于石锅拌饭、辣炒年糕、炒饭、拌冷面等。

材料

A 糯米粉60克、水50毫升
B 味噌50克、细砂糖20克、辣椒粉20克
C 醋1/2小匙、米酒1/2小匙、盐1/2小匙

做法

1. 将材料B混合均匀备用。
2. 糯米粉与水混合揉拌成团，分成2等份压扁平。
3. 烧开一锅水，把扁平面团一一放入煮至浮起，再煮2分钟捞起，趁热加入做法1的材料，充分搅拌后再加入材料C，搅拌均匀即可。

注：完成的辣椒酱要装入干净密闭的容器中。刚完成的韩式辣椒酱呈现红色，发酵时间愈久颜色愈深，味道愈香醇。

570|煎饼蘸酱

用途：可用于火锅蘸酱、生鲜海鲜拌酱、各式淋酱。

材料

A 韩式辣椒酱100克、醋50毫升、柠檬汁1大匙、砂糖1大匙、蒜泥1小匙

B 葱末2大匙、香油1大匙、熟白芝麻1大匙

做法

将材料A混拌均匀后，加入材料B拌匀即可。

注：韩式辣椒酱做法见P.285。

示范料理 海鲜煎饼

（材料）

鲜虾	8只
樱花虾	30克
葱	2根

（面糊）

低筋面粉	100克
蓬莱米粉	30克
鸡蛋	1个
水	260毫升
盐	适量

（做法）

1. 面糊调拌均匀，用手舀起呈自然滴落状态。
2. 葱切小段；虾剥壳，去头、去肠泥，取适量酱油（材料外）略腌，与面糊拌合。
3. 热锅，涂上一层色拉油，取做法2适量倒入锅中，煎至双面金黄即可。食用时，蘸取煎饼蘸酱享用即可。

571|韩国火锅蘸酱

用途：可作为韩国火锅蘸料或搭配酱油做涮肉片的蘸料。

材料

葱末1大匙、姜末1小匙、蛋黄1个

做法

将新鲜蛋黄打入碗中，加入葱末和姜末拌匀即可。

示范料理 韩国烤肉火锅

(材料)
A 沙朗牛肉片200克
B 大白菜150克、金茸适量、豆腐1块(切4小块)、丸子适量、新鲜香菇2朵
C 辣泡菜1盘

(调味料)
A 酱油1小匙、糖1小匙、生辣椒适量
B 高汤3杯
C 盐1小匙、柴鱼粉1小匙

(做法)
1. 先将材料A加上调味料A拌匀，腌15分钟。
2. 将材料B洗净，大白菜、豆腐切块排在韩国烤肉锅上，加入调味料B及C用火加热。
3. 将沙朗牛肉片一片片排在半弧锅面，两面烤熟即可食用，烤肉汁会流入汤汁内，越煮会越好吃，汤鲜味美。配上韩国辣味泡菜口味更是地道，食用时，可蘸取韩国火锅蘸料食用。

注：如没有韩国烤肉锅可用平底锅先将牛肉煎熟，取出备用，后加入材料B煮熟即可，同样具有韩国烤肉的风味。

日韩东南亚酱料

蘸酱

572 | 韩式麻辣锅蘸酱

用途：适用蘸韩式铜盘烤肉或麻辣锅。

材料

花生粉…………1/2小匙
辣椒粉…………适量
辣油……………1小匙
酱油……………1大匙
韭菜末…………1大匙
炼乳……………1大匙
白糖……………1/2小匙

做法

将所有材料搅拌均匀即可。

573 | 泰式酸辣锅蘸酱

用途：适合作为泰式酸辣锅蘸酱，也可以拿来炒菜。

材料

泰式鱼露…………1大匙
柠檬汁……………1大匙
沙嗲酱……………1大匙
碎虾米……………适量
花生末…………1/4小匙
红辣椒末………1/4小匙
糖………………1/4小匙
酱油……………1小匙

做法

1. 碎虾米略洗后，入滚水中汆烫一下取出。
2. 将碎虾米与其他材料搅拌均匀即可。

注：碎虾米也可放入干锅中以小火炒香。

574 | 越式辣椒酱

用途：用于调制各式蘸酱或加入菜肴中。

材料

红辣椒…………3个
蒜头……………5瓣
黄豆瓣…………1大匙
凉开水…………4大匙
盐………………1/2小匙
砂糖……………1大匙

做法

将所有材料放入食物调理机中搅拌均匀即可。

575 越式酸辣甜酱

用途：用于各式料理上，如炒菜、拌沙拉或拌入米饭都很美味。

材料

凉开水 ·················2大匙
鱼露 ···················3大匙
红辣椒 ·················5个
蒜头 ···················5瓣
砂糖 ···················4大匙
柠檬汁 ·················2大匙

做法

将所有材料放入果汁机搅拌均匀即可。

576 越式基本
　　　鱼露蘸酱▶

用途：为越南餐桌上必备基本酱料，各种菜肴都适合蘸。

材料

鱼露 ···················3大匙
红辣椒 ·················1个

做法

将红辣椒切碎，加入鱼露即可。

577 鱼露姜汁蘸酱

用途：用于海鲜的蘸酱、蔬菜或肉类蒸煮料理上。

材料

凉开水 ·················1大匙
鱼露 ···················2大匙
砂糖 ···················1.5大匙
柠檬汁 ·················2大匙
姜 ·····················1小块
蒜头 ···················2瓣

做法

姜去皮切细末，蒜头切碎，与砂糖、鱼露、凉开水调和拌匀，最后加入柠檬汁调味即可。

578|鱼露酱▶

用途：可以蘸食各种肉品，具有极佳的提味作用。

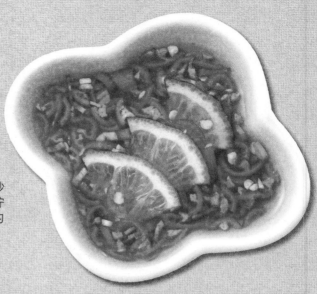

材料

鱼露·················2大匙
柠檬汁···············1大匙
细砂糖···············2小匙
红辣椒················1个
蒜泥················1小匙
柠檬片···············3小片

做法

1. 将红辣椒切碎。
2. 将鱼露、柠檬汁、细砂糖、红辣椒碎、蒜泥、柠檬片放入碗中，混合拌匀即可。

◀579|海南鸡酱

用途：主要用于蘸食鸡肉，可使鸡肉变得更滑嫩香浓。

材料

酱油·················2大匙
醋··················1小匙
粒味噌··············1/2大匙
红辣椒················1个
姜·················1小块
蒜头················1瓣
糖·················1大匙

做法

姜去皮切片，与其余材料一起放入果汁机里搅打均匀即可。

580|香茅蘸酱▶

用途：适合蘸食各种肉品料理。

材料

冷冻香茅············50克
鱼露················1大匙
细砂糖···············2大匙
泰式蚝油··············1大匙
凉开水···············3大匙

做法

1. 将冷冻香茅切碎。
2. 将碎香茅、凉开水、鱼露、细砂糖、泰式蚝油放入碗中，混合拌匀即可。

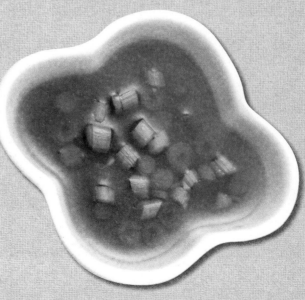

◀ **581** 虾酱辣味酱

用途：用于煮汤面、炒菜、炒饭、炸物上，为东南亚地区常用的蘸酱。

材料

虾酱……………………2大匙
砂糖……………………1大匙
红辣椒……………………1个
柠檬……………………1/2个

做法

先将柠檬挤汁，虾酱里放入砂糖、柠檬汁和切细的辣椒混合均匀即可。

582 南匹巴杜酱 ▶

用途：用于炒饭、沙拉、凉拌或作为蘸酱。

 材料

A 秋刀鱼2尾
B 红辣椒1个、红葱头2颗、葱1根、蒜头4瓣、香茅2根
C 虾酱2大匙、鱼露1大匙、椰子糖1大匙、柠檬汁2大匙

 做法

1. 秋刀鱼烤熟后去骨备用。
2. 材料B打成泥，加入秋刀鱼肉，继续打成泥状，再加入材料C搅拌均匀即可。

◀ **583** 春卷蘸酱

用途：主要用来蘸越式春卷。

材料

醋……………………1大匙
鱼露……………………1大匙
红辣椒丝……………………适量
蜂蜜……………………1小匙

做法

所有材料混合均匀即可。

584 | 海带酱 ▶

用途：蘸油炸食物、青菜，或做汤底。

材料

海带(海带干)········ 1/2条
酱油··················· 1/3杯
水······················· 3杯
糖······················· 2大匙
白胡椒粉·············· 适量
盐····················· 适量

做法

1. 将海带洗净切段，与3杯水一起用中火煮15分钟备用。
2. 再加入酱油、白胡椒粉、糖、盐，改小火煮至收干约成1杯量，即可熄火过滤掉海带，即成海带酱。

◀ 585 | 花生蘸酱

用途：可直接淋、拌、蘸于各式料理上。

材料

A 红辣椒1个、红葱头2颗、蒜头2瓣
B 味噌1大匙、花生酱1大匙、甜面酱1大匙
C 水100毫升、色拉油1大匙、花生米适量
D 鱼露1/2大匙、砂糖3/4大匙

做法

1. 红葱头、蒜头切片，花生米切碎备用。
2. 锅中加入色拉油烧热，放入材料A炒出香味后，加入材料B搅拌均匀，加入材料C的水调和煮开后，加入材料D调味。
3. 最后撒入花生碎即可。

586 | 黑糖蜜汁 ▶

用途：可作为水果的蘸酱汁，如西红柿、木瓜、番石榴或做冷盘的酱汁，有调和水果酸的效果，使水果变得更加美味。

材料

水······················· 2大匙
鱼露··················· 1/2大匙
黑糖··················· 4大匙
柠檬汁················ 数滴

做法

黑糖与水、柠檬汁小火煮至浓稠状后熄火，加入鱼露轻轻调匀。

日 韩 东南亚酱料篇 腌酱

酱料的调味魔法师——味噌

★辛口—甘口

所谓辛口，就是比较咸的味噌，甘口，就是味道比较淡、比较甜的味噌。制作味噌的时候，原料比例往往因人而异。如果麴的比例比较大，就会制作出比较甘口的味噌，如果是盐的比例较大，成品就比较辛口。一般来说，关东或者是比较寒冷的地方，都比较习惯重口味，因此制作出的味噌也比较咸。这种重口味味噌的代表，就是鼎鼎有名的"信州味噌"；而关西或者较温暖的地方，饮食倾向比较清淡，味噌的口味也比较淡。较具代表性的是关西的白味噌及九州味噌。

味噌是以黄豆为主原料，再加上不同的种麴制作制成，这也是味噌有不同口味的原因。大致上来说味噌可分为米味噌、麦味噌、豆味噌及调合味噌。

(1) 米味噌：主要用米麴加上黄豆和盐混合而成。

(2) 麦味噌：主要是麦麴加上黄豆和盐混合而成。

(3) 黄豆味噌：主要是用豆麴加上黄豆和盐混合而成。

(4) 调合味噌：则是混合两种以上的麴、黄豆及盐所制成。

★赤色—淡色

从字面上来看就可以知道，赤色味噌颜色较深，有点偏红；淡色味噌颜色较淡，呈淡黄色。一般人认为颜色较深的味噌，味道一定比较咸，而淡色味噌就比较淡，其实并非如此。因为影响味噌颜色的深浅，最主要是制麴时间的长短。制麴时间长，颜色就深，时间短，颜色就淡。通常关东人的制麴时间比较常，所以他们的辛口味噌，大部分颜色都比较深；相反地，关西人习惯较短的制麴时间，他们制作出来的味噌颜色就比较淡，因此，颜色深浅和咸淡没有直接关系。在赤味噌里，较具代表的是"仙台味噌"。

除了以上区别以外，一般味噌还有颗粒粗细之分，也就是在发酵前研磨的程度不同，可以根据自己喜好的口感加以选择。

如果你不想记那么多，也可以抄下以下的味噌名称和它的特性，拿到超级市场去对照购买，也很方便。

● 白味噌（米味噌、色白味甘）

● 江户甘味噌（米味噌、赤色甘口）

● 仙台味噌（米味噌、赤色辛口）

● 信州味噌（米味噌、淡色辛口）

● 越后味噌（米味噌、赤色辛口）

● 麦味噌（淡色及赤色、甘口、辛口）

● 豆味噌（赤褐色、辛口）

 587 | **龙田扬腌汁**

用途：常用于有牛肉、鸡肉或鱼肉的料理中。

材料

酱油……………40毫升
米酒……………30毫升
味醂……………20毫升
盐 ………………适量
姜泥……………1大匙

做法

将所有材料调和均匀即可。

注："龙田"是将材料腌至入味后酥炸的方式。将腌汁沥干后蘸涂粉类(淀粉或低筋面粉)，再炸熟、炸酥。

588 | **烧肉味噌腌酱**

用途：可做鸡肉、墨鱼、猪肉的腌酱。

材料

水25毫升、淡口酱油50毫升、米酒20毫升、味噌25克、砂糖35克、辣椒粉（中粗）1小匙、辣椒粉1.5小匙、姜汁1/2大匙、蒜泥1大匙

做法

将所有材料煮开后，以小火续煮3分钟，并不时搅动避免煮焦即可。

 589 | **味噌腌床**

用途：可利用味噌的芳香风味作为腌床，再做烧烤的料理。可用于油鱼、白北鱼、三文鱼、牛肉、鲳鱼、鲷鱼、鳕鱼等。

材料

味噌………………300克
米酒………………75毫升
砂糖………………100克
姜泥………………15克

做法

将所有调味料调和均匀即可。

590 | **小黄瓜味噌腌床**

用途：腌渍约一天时间即可取出，小黄瓜、白萝卜、大头菜等根茎类蔬菜的皆可应用。

材料

味噌………………300克
酱油………………1小匙
米酒………………60毫升
味醂………………1大匙
砂糖………………144克

做法

将所有材料混拌均匀即可。

图书在版编目（CIP）数据

调对酱料做什么都好吃 / 杨桃美食编辑部主编 . --
南京：江苏凤凰科学技术出版社，2016.12
（含章·好食尚系列）
ISBN 978-7-5537-4963-1

Ⅰ.①调… Ⅱ.①杨… Ⅲ.①调味酱 – 制作 Ⅳ.
① TS264.2

中国版本图书馆 CIP 数据核字 (2015) 第 152483 号

调对酱料做什么都好吃

主　　　编	杨桃美食编辑部	
责 任 编 辑	张远文　　葛　昀	
责 任 监 制	曹叶平　　方　晨	

出 版 发 行	凤凰出版传媒股份有限公司 江苏凤凰科学技术出版社
出版社地址	南京市湖南路 1 号 A 楼，邮编：210009
出版社网址	http://www.pspress.cn
经　　　销	凤凰出版传媒股份有限公司
印　　　刷	北京富达印务有限公司

开　　　本	787mm×1092mm　1/16
印　　　张	18.5
字　　　数	240 000
版　　　次	2016年12月第1版
印　　　次	2016年12月第1次印刷

标 准 书 号	ISBN 978-7-5537-4963-1
定　　　价	45.00元

图书如有印装质量问题，可随时向我社出版科调换。